開門撞見大自然

豎起耳朵彎下腰，睜大眼睛靜下心，
你就能在喧囂都會中發現自然野趣。

王銘滄◎著．攝影

這不是一本昆蟲圖鑑，
因為拍的種類不及自然生態的萬分之一。

這也不是自然課本，
因為您只要在入口網站都可以搜尋到您想要的資訊。

這是一個都市人的生活態度，
原來生長在都會區也可以這麼親近自然。

“目次”

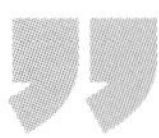

■推薦序

保有親近造物之奇的心，就能發現身邊生態之趣

一個春寒料峭的日子裡，擁擠的電子郵件中一個陌生的名字映入眼簾。在垃圾郵件充斥的今天，我通常直接刪除陌生的來信，但是這封來信的標題卻和生態觀察有關，引起了我的好奇心。打開來信一看，發現是位學弟李惠永介紹的陌生朋友王銘滄先生所作的邀請，希望我為他看看他即將發表的新書文稿，幫他瞧瞧文稿中提到的昆蟲鑑定上有沒有疑問。看著銘滄先生附上的生動書樣附圖，心想這也許會是挺好的調劑，便答應了下來。過沒幾天，銘滄先生便捧著完整文稿紙本及光碟片來到我面前。

接下來的幾天，我帶著幾許輕鬆與興味讀完了這份文稿。讓我深感興趣的是，這份書稿內容的觀察對象幾乎完全是從都市各個角落取得的，像是安全島的綠地上、公園的草花間、居家的院子裡、行道樹的枝椏邊，或是學校的一隅。讀著讀著，望著書稿上說明的觀察地點，熟悉的市街名稱讓我彷彿被拉回青澀的中學時代，頭頂著船形帽仰頭尋覓行道樹上的毛毛蟲及小甲蟲。那時往往錯過公車，回家遲了捱父母罵，但是每當看見稀奇的蟲兒時，心裡總是歡喜得有如裝滿風的帆。我雖然出身苗栗鄉下，六歲以後的成長歲月卻全在忙碌的台北都會區度過，在當年初、高中聯考陰影下，書本上那些「蟲蟲名山大澤」都可望而不可及，台北松山區的四獸山已經算是「深山」了。那時我滿腦子對昆蟲的好奇與渴望只能藉藏身都市叢林的小生物得到滿足。令我訝異的是，都市叢林這個「教室」的教材其實十分豐富，讓我打下了不錯的野外研究基礎，對我後來的學術研究之路助益良多。赴美學習後，我依著當年經驗常利用課業空檔時間在學校研究室附近東摸摸、西看看，居然先後找出好幾種我那有如北美鱗翅目多樣性活字典般的指導教授傑利．鮑威爾博士（Dr. Jerry A. Powell）也不認得的小型蛾種。我當時的一位學長大衛．華格納博士（Dr. David Wagner）更推展起「後院鱗翅學研究」（backyard Lepidoptera research），從自己住家附近得到不少有趣的發現。

我覺得，銘滄先生即將出版的這本書鮮活地告訴我們一件事：只要有親近造物之奇的心，就算在都會忙碌工作，無處不在生物世界仍然豐富得足以讓你利用有限的閒暇體會玩味，歡喜贊歎！

徐堉峰

2010.3.16.於春雨飄飛的師大分部

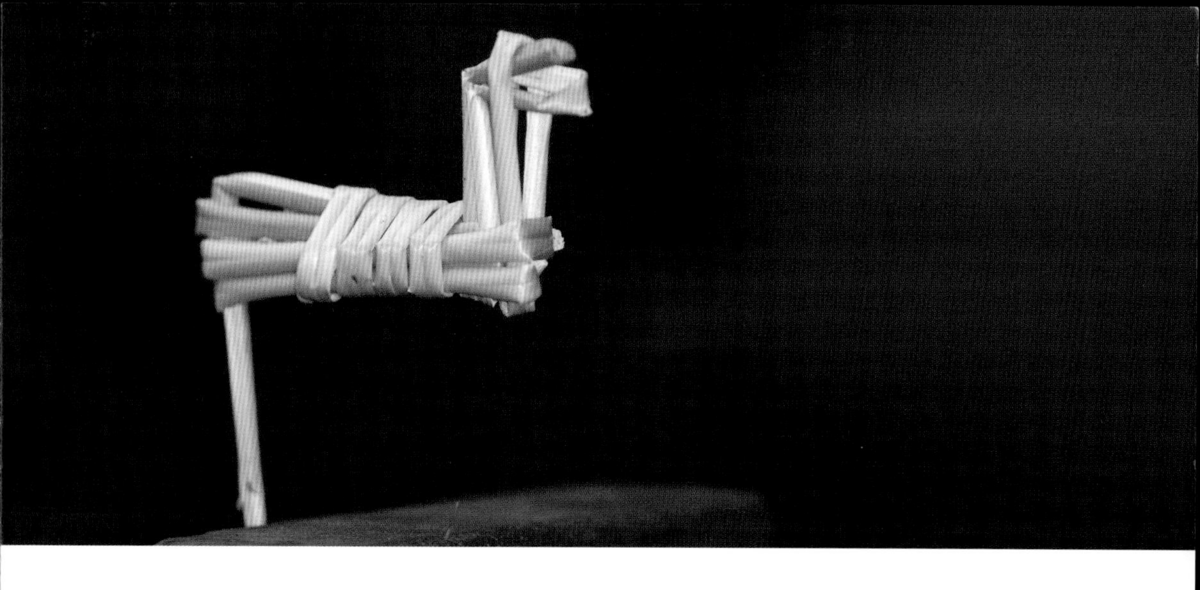

■自序

原來綠色生態這樣垂手可得

站在陽明山俯瞰著台北盆地，我的家、我工作的地方、我的朋友、我的生活都在這裡。從來不曾想像過，在這裡除了城市應有的環境竟然也可以觀賞和田野一樣的生態。

事情的發生在幾年前的一次偶然。

一整條南京東路有數以百計的早餐車，一大清早已有一群等著上班的朋友排隊買早餐趕著打卡上班，咖啡車倚在路樹旁邊營業而樹鵲在附近吱吱喳喳，這種景象你可以當做沒看見或沒發生，我忽然想到，樹鵲會是等著喝咖啡嗎？應該不是，那在那裡要幹什麼？直到有一次我意外地發現樹旁的葉子有蟲子啃過的痕跡，也就是說這裡有蟲子，事實上我真的找到了一隻蝗蟲，很難相信公車、機車熙來攘往的台北市南京東路可以蹲下來找到蟲子，樹鵲在這裡有了答案，食物鍊的理論獲得證實，引發我在市區拍生態的狂想。

我走之後這隻蝗蟲還活著嗎？樹鵲隔天依然出現，也就是說這裡蟲子的數量及種類有滿足鳥類生存的條件。

此後，無論在那裡拍蟲，先找被咬過的樹葉。山林裡的姑婆芋，通常是蟲蟲活動的空間。為了躲避天敵的攻擊，蟲子喜歡倒掛在葉子的反面，陽明山竹子湖的海芋可以找到的小樹蛙，也是為了逃避鷺鷥的長嘴巴……我不會拍鳥，因為鳥會飛，我不會飛。我喜歡拍蟲子因為我能蹲、能趴、能找。原來綠色生態這樣垂手可得。

對於攝影我充滿了興趣，對於生態我充滿了熱情，讓我們站在台北街頭，一起呼吸都市的塵囂。

王銘滄

“跟我一起找蟲蟲”

相信大家都有在安全島或快車道和蝴蝶擦身而過的經驗，只是這種短暫的緣份，有沒有定格成為記憶。

這是一個都會上班族，利用周休二日有限的時間，用鏡頭拈花惹草的記錄，它不是圖鑑、也不是自然課本，而是一種生活態度。

有六雙腳的朋友，我習慣稱牠們為蟲子，但聽說四條腿的老虎也叫「大蟲」。樹蛙、蜘蛛、蜥蜴雖然是動物不是蟲子，但是筆畫裡都有一個「虫」部。所以我把牠們通通納入「蟲蟲」這個大家庭，並希望有幸能邀請您，跟我一起找蟲蟲。

酷愛日光浴的小傢伙

陽光下不難找到牠，假如願意牠和你握握手，你會覺得牠真的需要多曬曬太陽。

斯文豪氏攀木蜥蜴

斯文豪氏攀蜥，是台灣常見的攀木蜥蜴，屬台灣特有種，常見於中、低海拔山區，台北市近郊的天母古道水管路、陽明山前山公園、市區的富陽公園、芝山綠園等地，皆很容易欣賞到牠的蹤影。

昆蟲或動物的世界裡，雄性通常較雌性漂亮，以斯文豪氏攀蜥為例，身體兩側各有一條寬大鮮明的黃色條紋，雄性背部有恐龍一般的背脊，口腔外緣呈白色，頭部常帶有白斑，雌性則是單一灰褐色。

和一般雄性動物一樣，斯文豪氏攀蜥具有強烈的領域感，通常一棵樹只容得下一隻雄蜥，遇到入侵者的本能反應會出現伏地挺身的動作，而不會立刻跑掉。對於人類而言不具任何威脅反而會覺得非常有趣，因此可以以漸進式溫柔的方式慢慢靠近牠。

小攀木vs.阿蟻

這裡是富陽街一戶民宅圍牆，我很幸運地目睹並且記錄了這個畫面。

小攀木忽然從樹上跳到牆上，擺出戰鬥動作，彷彿發現了什麼？

眼睛盯著前面看，原來是一隻大螞蟻，是獵物嗎？準備拍一場獵殺畫面。

大螞蟻迅速往前靠近前面攀木的嘴巴，準備去送死嗎？

原來是幫阿攀清理鬍渣。面對突如其來的服務，阿攀眯著眼睛，好像很爽。

阿蟻接著清理鼻孔，流暢而純熟的動作，彷彿受過專業訓練，阿攀正在享受VIP的服務。

接著做頭皮按摩，剛好是一條順時針路徑的全套理容按摩。

還來不及做頸肩按摩，阿蟻便迅速離開，留給小攀木一臉錯愕。原來右腳早就伸出來等著做腳底按摩，可能是排隊服務的客人太多，還是小費給得不夠，只好無奈地等下一次再見了。

整個過程不到半分鐘，來不及構圖，來不及對焦，來得及留下的只有「驚嘆號」的回憶。

最佳人氣主角

什麼理由讓一堆好「攝」者，一個一個走進富陽公園？

幾年前剛買這台千萬像素的單眼相機，正值陽明山海芋季，正好拿來練功，順便了解新相機的功能。

拍攝海芋對我來說其實沒有太大的興趣，倒是對於因為躲避鷺鷥獵殺而躲藏在海芋裡面的樹蟾大感新奇，原來樹蟾這麼小，差不多只有半截拇指頭而已，那種心情就像「觸電」一樣興奮。從此展開有趣的尋蟲之旅。

台北樹蛙

大朋友小朋友來到富陽公園，都是為了這隻人氣最旺的小樹蛙，姑婆芋上的演唱家。少數蟲蟲（動物）除外，例如攀木蜥蜴屬冷血動物，喜歡作日光浴補充體溫；小樹蛙若直接曝曬陽光下，皮膚表層的水分容易喪失。所以像這隻樹蛙這樣直接晾在姑婆芋上曬太陽的情形並不常見。

夜間或是下過雨以後，是觀賞樹蛙的最佳時間點，因此，晚上的富陽公園除了此起彼落的蛙鳴聲，還有好攝者聚集，但是站在愛護生態的立場，這樣是會騷擾動植物的正常作息喔。

台北樹蛙

住址：1000公尺以下山區的果園、樹林或農耕地，以台北盆地周圍分布最多。

籍貫：南投縣以北，1000公尺以下山區的果園、樹林或農耕地。

食物：童年的蝌蚪茹素，以藻類為主，成年後是肉食性動物，以蟲蟻為主食。

＊感謝東華大學楊懿如副教授提供諮詢。

富陽公園找樹蛙

進入富陽公園，首先映入眼簾的是一面台北樹蛙的大招牌，走進來，讀者會看到一座紅磚色的洗手間，圍繞四周的綠色植物不管是姑婆芋或是野薑花，都有可能找到樹蛙正慵懶地睡午覺。

我不能保證來到富陽公園一定可以看到樹蛙，但你在「濕地生態觀察區」一定可以看到成群的蝌蚪在水池裡游泳。或是建議有心找蛙的朋友，在官方設立「台北樹蛙生態」附近，試試你的運氣。

這裡是富陽公園：前面是慈仁八村，左邊是洗手間。

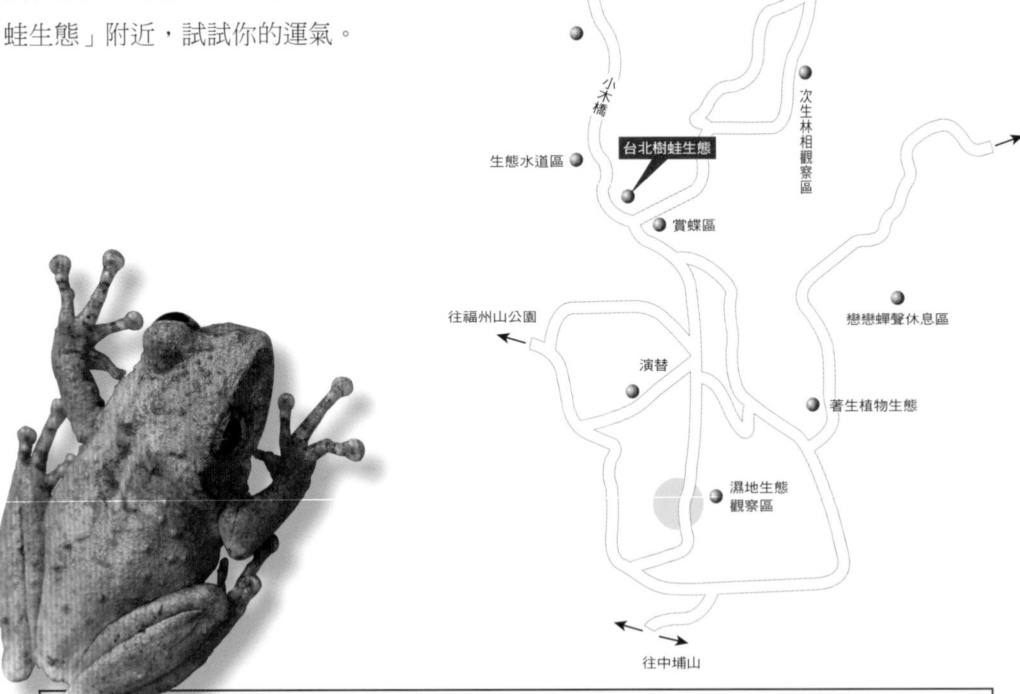

面天樹蛙

住址：台灣西部中低海拔山區。
籍貫：陽明山的面天山區，因而得名。
食物：童年的蝌蚪茹素以，藻類為主，成年後是肉食性動物，以蟲蟻為主食。

中國樹蟾

很多人誤以為我是台北樹蛙……雖然像，並不代表是，台北樹蛙吻端較尖，沒有我獨家專利黑色眼罩。我是「中國樹蟾」，喜歡在雨後唱唱歌，叫聲嘹亮，「雨蛙」或「雨怪」；體形嬌小，只有前面那隻台北樹蛙的一半。

我的家人主要分布在非洲跟亞洲熱帶區，台灣北部及西部平原一千公尺以下的農耕地及山區，平常喜歡棲息在農田附近的農作物上，就像我現在住在海芋裡，可以遮蔽風雨，又可以擋大太陽，還能躲避可怕的天敵獵食，我就這麼一點大，還不夠牠們塞牙縫呢！

陽明山竹子湖往馬槽方向，時速五十公里，行駛過百拉卡公路約五分鐘，左手邊看到這棟房舍或是風車，有一處海芋田，您有機會聽到叫聲嘹亮的蛙鳴聲，可愛的中國樹蟾正躲在海芋裡睡覺。

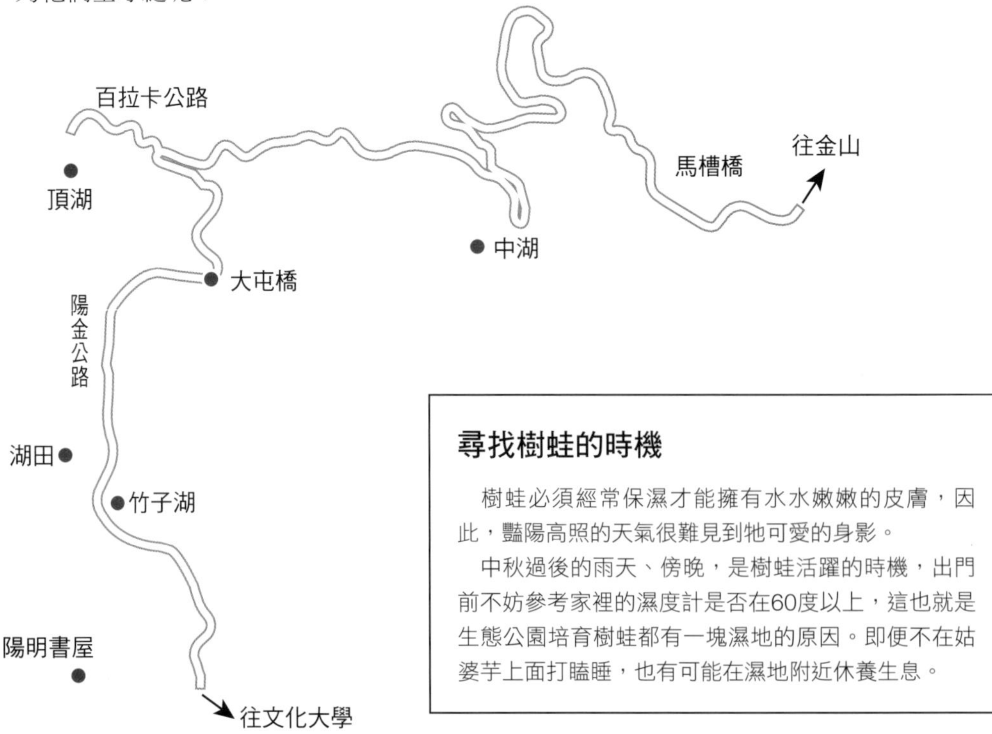

尋找樹蛙的時機

樹蛙必須經常保濕才能擁有水水嫩嫩的皮膚，因此，豔陽高照的天氣很難見到牠可愛的身影。

中秋過後的雨天、傍晚，是樹蛙活躍的時機，出門前不妨參考家裡的濕度計是否在60度以上，這也就是生態公園培育樹蛙都有一塊濕地的原因。即便不在姑婆芋上面打瞌睡，也有可能在濕地附近休養生息。

陸地上的貝殼

蝸牛沒有六隻腳，不屬於蟲蟲家族的成員；也沒有四條腿，卻分類於動物類。一陣西北雨過後的草叢裡，萬蟲鑽洞，包括蝸牛一起享受水分飽滿的生鮮蔬果。

笠蝸牛

本屬常見於潮濕的落葉底下，清晨會出現在草叢葉面，小型，主要分布於台灣南部平地至低海拔山區，局部地區普遍。

殼的主要成分是碳酸鈣或石灰質，貝殼若有有小破損，可以自行修護，如果嚴重破損則會使內臟受傷而提前退休。

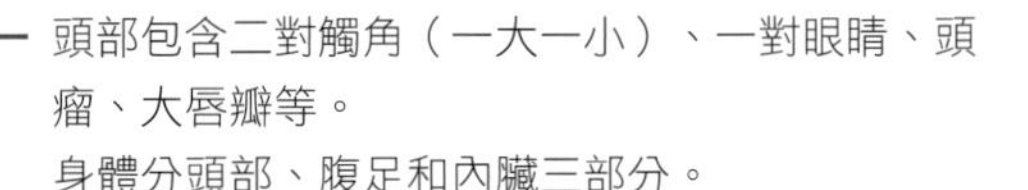

頭部包含二對觸角（一大一小）、一對眼睛、頭瘤、大唇瓣等。
身體分頭部、腹足和內臟三部分。

頭部有一對眼睛，一對或二對觸角，大多數的蝸牛，眼睛長在後觸角的頂端。口中有一條齒舌，齒舌上有許多排細小齒。
眼睛長在頭頂上（大觸角的頂端），天生近視眼只能看見眼前近的東西。不過小觸角感覺敏銳，可彌補視力不足的缺點。

平坦而寬大的腹足，靠腹足肌肉造成波浪般的起伏爬行前進，無論走到那裡都帶著自己的不動產，不愧是專業包租公。
爬行時足腺還能分泌一種黏液，可以說是天然機油用來潤滑粗糙的地面，以免肉體受傷，因此再粗糙的路面爬行也不怕，這種裝備等於是越野級的設計。

台灣盾蝸牛

我們將昆蟲世界裡的蝸牛視為有產階級，是極為貼切有趣的比喻，首先了解，什麼是蝸牛？

蝸牛在陸地上生活、繁殖的貝類，和烏龜一樣是帶著「硬體設備」生活的生物，可以遮蔽風雨。而貝殼退化之後剩下光滑濕潤身體的稱為蛞蝓。蛞蝓是樹蛙卵的天敵，不過蝸牛肉卻是農夫拿來餵食雞鴨等家禽的飼料。

蝸牛的殼漂亮而規則充滿幾何圖形的螺旋，有分成順時針方向生長的稱為「右旋型」，反時針方向稱為「左旋型」。

本種常見於陰暗潮濕的樹林葉面棲息，數量很多，外觀酷似小盾牌，周圍具有銳利稜角與殼毛，各螺層漸層平緩，殼褐色具淡褐黃色半透明殼皮，因此在綠色植物表面上很容易找到。

扁蝸牛科身世解密

軟體動物門／腹足綱／柄眼目／扁蝸牛科

殺手今天不上網

臨時找不到適當的迷彩衣進行偽裝，只好隱身綠色森林，伺機獵殺。

躲在葉子裡的蜘蛛

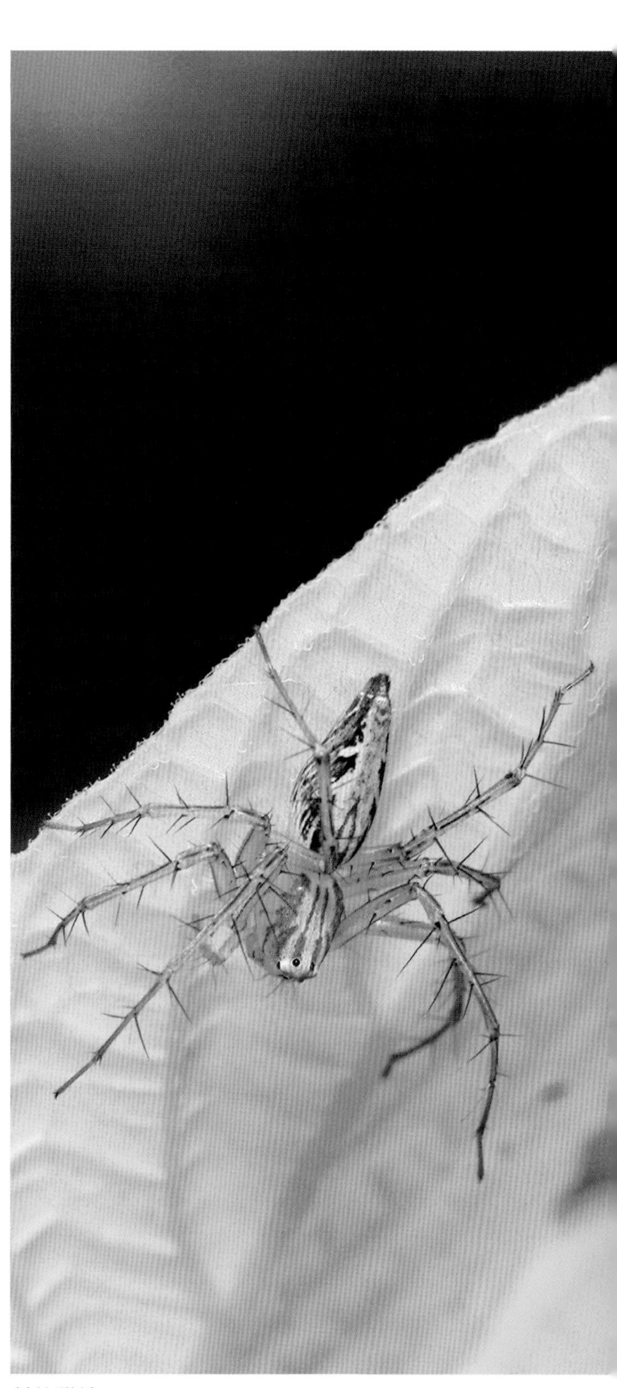
斜紋貓蛛

斜紋貓蛛——草叢任我行

少了網子的羈絆，更能夠自由自在地穿梭叢林，以逸待勞，等著獵物主動上門而飽餐一頓，因其無聲無息的攻擊，還有跳躍捕捉昆蟲的獵食行動，像極了貓科動物，故得此名。

另外不結網的近親還有狼蛛、跑蛛、馬蛛、蟹蛛、蠅虎等，本種常見於低海拔山區草叢、灌木葉面來回覓食。

赤條狡蛛

少數不會上網的節肢動物之一，藏身葉子或花草上面以靜制動，等待蝴蝶或其他採花蜜的昆蟲上門進行獵食。

蚓腹寄居姬蛛

乍看下有點像竹節蟲，但腳長過身體，有八隻腳，因此不算昆蟲，而是屬於蛛蜘類的節肢動物。

隱身陰暗角落。吐著細長的絲，等待獵物上網獵食。

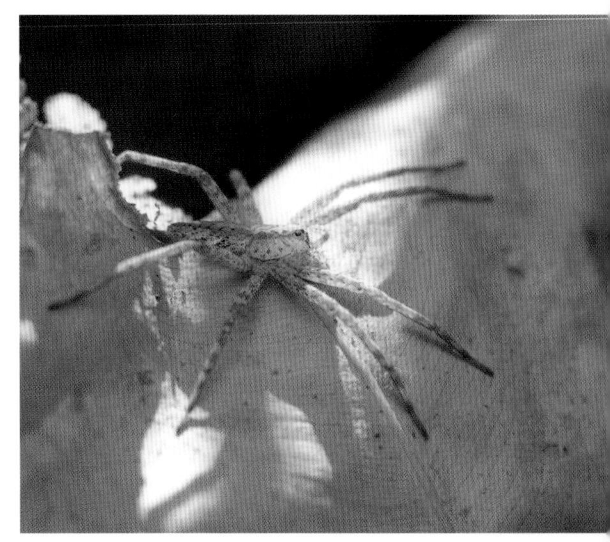

赤條狡蛛

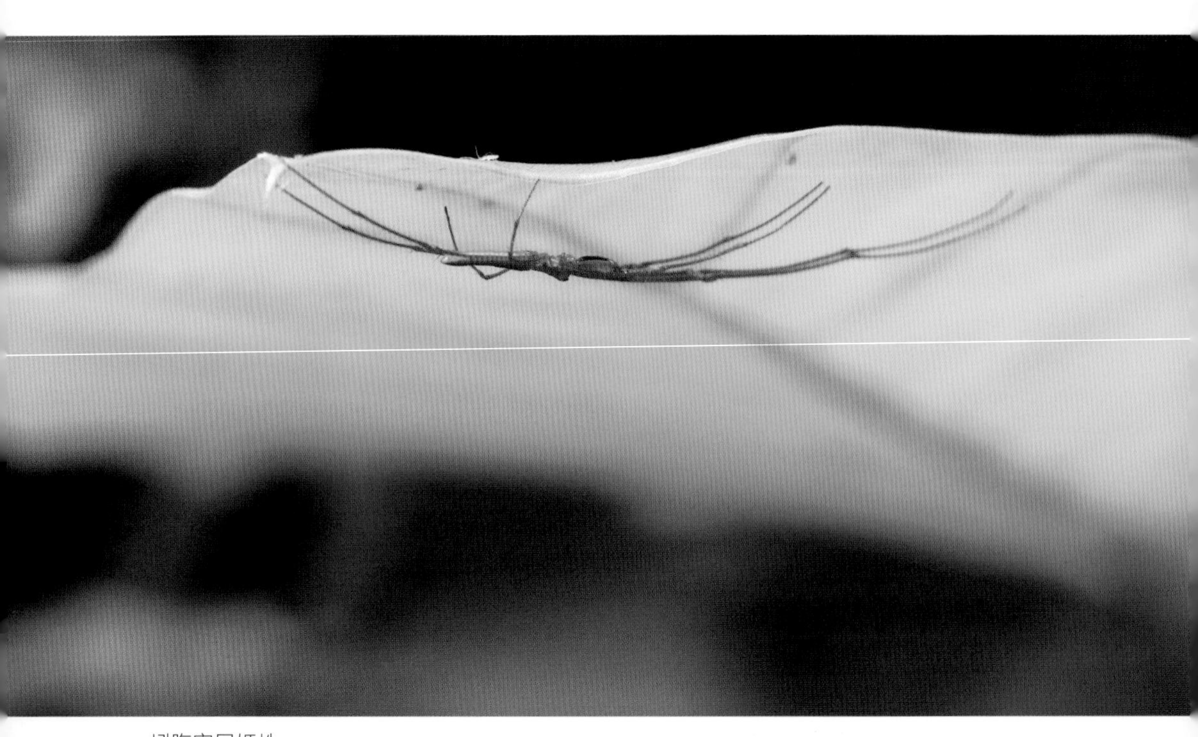

蚓腹寄居姬蛛

大銀腹蛛

普遍分布於平地至低、中海拔山區，林間步道、溪邊或草叢環境，幾乎是無所不在，為全省最常見的種類。

這隻蜘蛛難得不在自己的網域休息，溜到草叢到赤條狡蛛的地盤造訪，莫非進行生態交流？

長銀塵蛛

長銀塵蛛結的網與其他蜘蛛不同，網中心有不對稱的漩渦狀隱帶，線條較粗呈鋸齒狀，自己就躲在網下面，頭部朝上彷彿站在制高點，以便觀察周遭環境。這些白色的隱帶就是一個致命陷阱，會吸引昆蟲靠近，最後被躲在隱帶後面的長銀塵蛛獵捕。

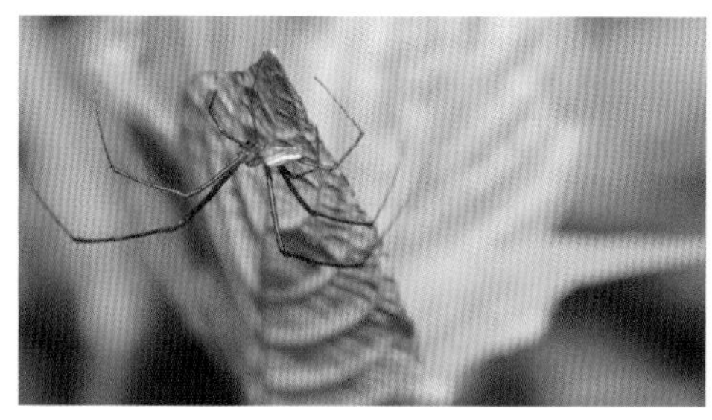

大銀腹蛛

長銀塵蛛。天生製圖高手:自然界偉大的建築師，天生練就一身繪圖的好功夫，畫圓圈不用圓規，畫直線不用尺，做一杯拿鐵也能畫出最美麗的拉花。

野姬鬼蛛

出現在自家車庫附近的不速之客，應常見於戶外，棲息樹林或建築物牆角，分布於平地至低海拔山區。

跑蛛

其實是護卵行為，以口器和肢體保護卵囊，走到哪裡護到哪裡，不是只用三分鐘而已，真正帶著球跑。

本種分布於低中海拔山區，雌蟲有護卵的行為。卵囊如球體，因此圓圓的大肚子就是跑蛛和其他蜘蛛最大不同之處。

野姬鬼蛛

跑蛛是帶球跑步的高手：跑蛛不跑是不是肚子太大了跑不動，還是天氣太熱躲涼亭下靜靜的等獵物上門？

“我們的好朋友”

身為一位市民，每天上下班忙著接送小孩，每天吃喝拉撒睡，偶爾飯後喝咖啡聊是非，日復一日年復一年的生活。

同樣一群生活在都市的「市民」，和我們一起呼吸市區排放的廢氣、一起享用陽光、雨水，這些朋友有的長了一對會飛的翅膀，有的四條腿，有的八隻腳……牠們沒有投票的權利，當然也不用繳稅。

這些都是你我的好朋友，下次出門留意和你打第一聲招呼的不是賣早餐的三叔公，而是站在公車站牌旁路樹的小蜖蜖，牠正在啃著留有露水的葉子，享受一天的早餐。

香蕉假莖象鼻蟲

都市老住民

不用懷疑，牠也是都市老住民，下次看到牠們的時候別忘了打聲招呼。

讓我們站在都會街頭，一起呼吸城市的塵囂。

香蕉假莖象鼻蟲

二〇〇九年十月盧碧颱風來臨前夕，我在富陽公園做今年「封刀」之前最後一次巡禮，除了風大以外，蟲蟲彷彿也喜歡這種秋高氣爽的天氣，臨走前已將器材打包整理完畢，卻意外發現一隻尋覓已久的象鼻蟲站在眼前告訴我：「先別走，我還在這裡啊！」

本種分布於平地至低海拔山區，寄主於香蕉類植物故得此名，也因此造成作物枯萎，是農民眼中的害蟲。

大星椿象

分布於中、低海拔山區，椿象在富陽公園春夏季節是分布普遍、數量最多的昆蟲種類。頭部及前胸背板為褐色，小朋友經常誤以為是小蟑螂。

前翅革質部分有兩枚黑色圓形的胎記，小盾板為黑色，上翅膜質黑褐色，六腳黑色，前鬚觸角有一節呈螢光色。

冬天的大星椿象會成群聚在一起，或躲在石縫裡度過寒冬。

大星椿象

珀椿象

頭部以至前胸背板為綠色，全身帶有有細小刻點，前胸背板兩側各有明顯的褐色，為明顯辨認的招牌特色。本種分布於平地公園至低中海拔山區，為常見的種類。

下圖這對「新人」在陽光、空氣、水的見證下得到祝福，願意共同為家族的永續繁衍、組織家庭，我以相機留下永遠的祝福。

所有的生態都是利用天然的保護色與天敵玩生存競爭遊戲。公園是綠色的，富陽公園的綠色充滿生機，從春天開始，每一片姑婆芋都有機會找到珀椿象的蹤影。

珀椿象

綠色尋蟲記

走過樹叢，裡面發生什麼事情，瞞得過蟲蟲狗仔隊的跟蹤？

原來是一對新人正在洞房花燭。

「藏」在葉子下完成終身大事，既可以遮蔽日曬，又可以躲避天敵。

藍益椿象

一身貴氣十足的藍黑色金屬光澤外殼，在陽光下更顯亮麗，上翅質黑色，觸角及各腳則為黑色。

本種又稱藍椿象、琉璃椿象等，常見於平地至低海拔山區。

藍益椿象

格椿象

在芝山綠園發現這隻格椿象，正好有園區志工可以當面請教，椿象台語俗稱「臭腥龜仔」，有陸生、兩棲、水生三類。

本種分布於低海拔山區，是芝山生態綠園的常客，可以相約在洗手間前面的菜園附近。

許多椿象家族遇到天敵時，身上的「臭腺」，會分泌出難聞的臭味，讓自己逃過一劫。成蟲體色褐色或黃褐，體形略扁，若蟲與成蟲寄主於旋花科植物。

即然名為「臭腥龜仔」，當然也是許多農林植物的害蟲，是農民眼中不受歡迎的黑名單之一。

格椿象

黃斑椿象

黃斑椿象

因全身布滿黃色斑點而得名，頭部及前胸背板為黑色，從頭部至前胸背板中央有一條細小的黃色線條，頭部背面及前胸背板外緣有黃色的細邊，體背黑褐色，腹背板邊緣具黑、黃的橫斑，各腳黑色，脛節中央具白色的斑紋。

本種分布於全島，和紅姬緣椿象一樣常見於台灣鸞樹等多種樹木，並喜歡群聚吸食樹液。

稻緣椿象

我是細緣椿科的稻緣椿象，外觀長得很像禾蛛緣椿象，但我的觸角末節是黑色或暗黃褐色，禾蛛緣椿末節是黃褐色的；而我的六隻腳腿節是綠色的，禾蛛緣椿的腳腿節端部則是明顯的黃褐色。

我並不喜歡做日光浴，而是喜歡較陰暗的環境，與禾蛛緣椿棲息習性大不同。

稻緣椿象

角盲椿象

戶外找生態、找野菜，還能找到都市裡少見的人情味。

短短兩年的時間，每當上山總有熱心的山友主動帶路報「明牌」。就印象最深刻的一次，是一位阿公牽著小孫子的手剛下山，看到我一身的行頭便指著山的另一頭說他發現那裡有一隻XX蟲，很可愛。我對於山友的指示從不疑有他，阿公說著說著又怕我可能找不到，索性帶著我又上了一次山，感動啊！

芝山綠園的張大哥總會問：「今天找到了什麼寶貝？現在園區正在培育一些植物，明年園區會有更多的蝴蝶……」而售票亭的小姐，看到我被蚊子咬得滿頭包，也送上關懷「需不需要小X士？」哈哈，我是來捐血的啦，順便給蟲子磕頭下跪。

富陽公園、天母古道有更多不知名的大哥，每天一大早帶著竹掃把清理環境後再回家開店工作，對他們來說，這裡的一草一木都是他們的孩子。

而我，只是記錄影像的工作者，哦！忘了告訴你，阿公幫我找到了這隻獵椿象。

角盲椿象

紅姬緣椿象

紅姬緣椿象是芝山生態綠園數量繁多的大家族，喜歡吸取樹幹或種子汁液，尤其喜愛台灣欒樹的種子汁液，並產卵在台灣欒樹的果實內。

紅姬緣椿象群聚樹下、落葉叢中或石縫隙等地方，遇到危險會發出刺鼻味驅敵。

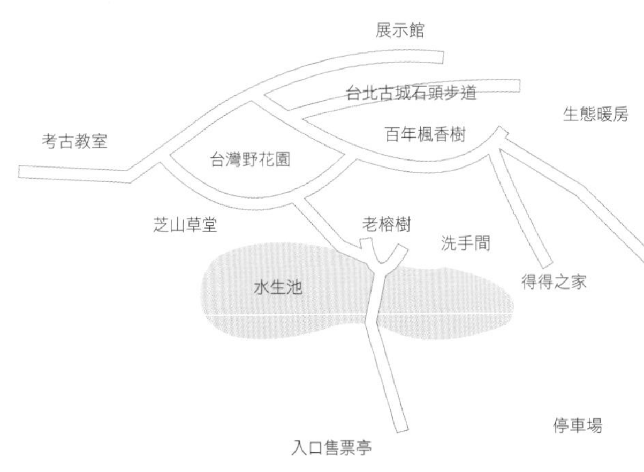

芝山文化生態綠園售票處旁邊另一座小橋（西北出口），住著一戶紅姬緣大家族，端午節前後是最佳觀賞季節。

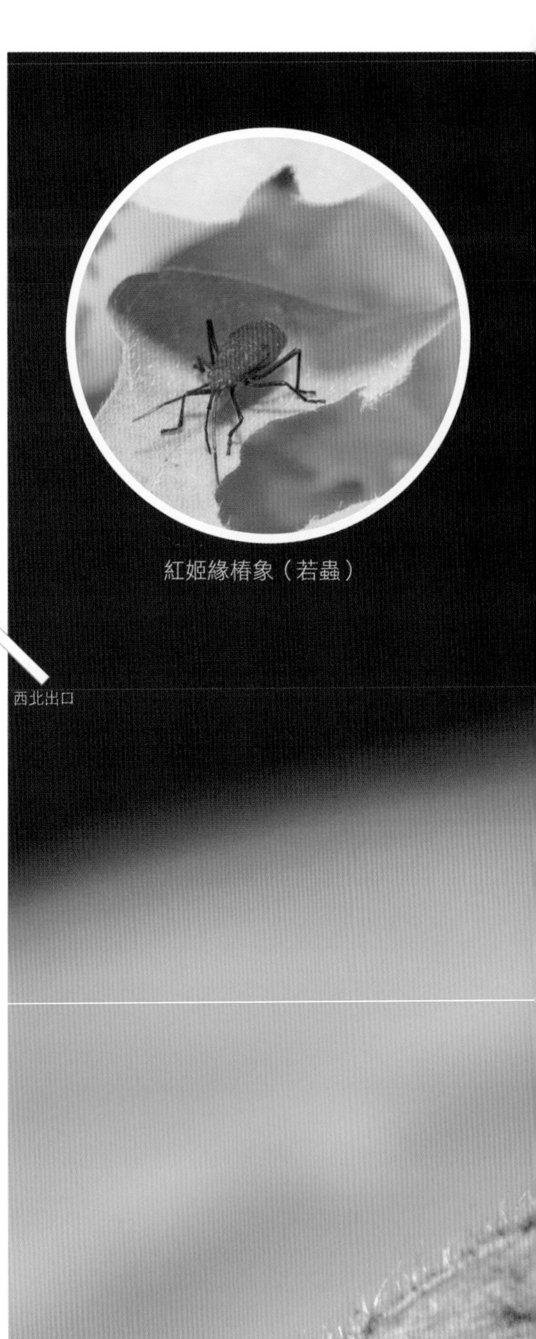

紅姬緣椿象（若蟲）

紅姬緣椿象（成蟲）

中華同緣椿象

中華同緣椿象

椿象分為三種，陸生椿象、水生椿象以及兩棲椿象。全世界約有二萬多種，台灣已知的有四百多種，而認識這一隻為褐色體色，小楯板中央有黑色斑點，革質近中央處左、右各有一個小黑點，腹部背板外露，側緣褐色有四節觸角。

本種常見於平地至中海拔山區，食草如葛藤科等豆科植物。

寬棘緣椿象

七月，豔陽高照下的四崁水，把車停好之後在兩旁的草叢裡來回走著，腳步輕怕嚇著小蟲蟲，腳步也要重一點有時還要踢一下，要把蟲子引出來，好難啊！

運氣不錯，發現葉子上面有一隻小椿象，不過換個立場來想；牠覺得運氣壞透了，因為被人發現了（還好不是附近的藍鵲），索性躲到葉子後面。

這時候與其漫無目的地找蟲，不如耐心地等待，雖然太陽很大。最後椿象終於出來了，一點點等待，一點點耐心和運氣，對得起今天的假期。

拍攝椿象好玩的地方在於，牠們大多乖乖不動；不是天生的模特兒，就是白目到沒有敵情觀念，不好玩的地方是整個椿象家族勢力龐大，四百多種的近親光是比對，花費的時間往往超過攝影的過程。

而這一隻就顏色、體型和前一頁的那隻就差在前胸背板外緣角具尖銳黑色棘刺，上翅體背中央處左右各有白色小圓點，膜質黑褐色，觸角四節末節特別膨大，體型窄長布滿細刻點。

成蟲全年可見，生活在平地至中海拔山區。屬於植物性昆蟲，因此頭上的那隻小蟲可以不受威脅地趴在上面搭便車，悠遊草叢任我行。

寬棘緣椿象

台灣大椿象

這是我見過體積較大的椿象，對攝影師而言「福氣啦」！尤其是在伸展台旋轉三百六十度之後再離開，真的是給足了面子。

體色紅褐色，具金屬光澤，在陽光下會產生不同的色彩，尤其是體腹強烈的金屬光澤，是我見過腹部美過背部的物種，不拍一張仰角鏡頭簡直就是浪費。

黑色觸角最末節有一節鮮艷的黃褐色，站在舞台上像極了音樂指揮家。

胸紋青銅虎天牛

又稱胸紋赤虎天牛，本種是大虎天牛裡較為常見的種類。5~10月間常見於平地樹叢及低、中海拔山區的闊葉林中，喜歡在倒木上活動。

胸紋青銅虎天牛

不是每一次出門都會有收穫，正準備投降認輸的時候，眼前出現的台灣大椿象原地旋轉360度，展示今秋最新服飾，果然是生態界的時尚代言人

台灣豆金龜

台灣豆金龜

二〇〇九年端午節第一次拜訪關渡自然公園，短短的兩小時已是滿心歡喜，卻因為車子出了一點狀況請求拖吊車幫忙。

此時，園區外的草坪依然熱鬧，等待之際看到蟲蟲不斷上演愛的故事，三十分鐘的拖吊救援，從來沒有感覺時間是這麼短暫。

台灣琉璃豆金龜

台灣琉璃豆金龜

名為「琉璃」的生物必然有牠獨到美麗之處，只不過這隻玩得全身是泥沙，掩蓋了原有的華麗。

本種有藍色、綠色，大多數的金龜子都具有強烈的金屬光澤，要不然怎麼叫「金」龜子？翅鞘有溝紋及刻點呈縱向排列，近翅基部處下方有凹陷的橫溝，從頭到腳體色相同，生活在平地公園至中海拔山區，喜歡捻花惹草。

“我的領隊白鷺鷥”

鳥並不是我的「獵物」，至少目前不是，因為部首裡沒有「蟲」，暫時不列入這本書的計畫，但是牠犀利的的眼神已經告訴我蟲的位置，鳥是我拍照時的衛星導航。

近來拍蟲蟲的瓶頸是一再遇到重複的老朋友，我渴望碰到新朋友！

拍攝蟲蟲有一定的季節性，個人觀察所得：冬天到農曆年這段期間真的很難找到蟲跡，人蟲都可以休養生息一段時間。元宵以後到端午節之間是記錄若蟲的季節，端午節之後的若蟲正值發育時期，體積很小，必須小心尋找。

一直到秋天這段時間，大部分的成蟲可以長到兩倍大，接著再拍一些交尾的作品，正好可以完整地記錄一個生態的循環。

在山林可以碰到山友告知蟲蟲的位置，主動帶路的更不在少數，甚至有熱情的園丁提供現成的蟲子送到我的手上，這分情誼都讓我的記憶卡收穫滿滿，真是由衷地感謝。

草叢裡的仙人掌

從湖田散步行經頂湖，在綠油油的一片綠地當中，眼前忽然一亮；是仙人掌的幼苗嗎？原來是全身毛茸茸布滿針刺的刺蛾幼蟲。

巨網苔蛾若蟲

刺蛾若蟲

若蟲為草食性，全身翠綠色提供良好的保護色。成蟲與若蟲一樣身材短胖，成蟲出現於四到九月之間。

面對有刺的玫瑰或仙人掌，一樣是不能摸的，以免身上留下永恆的回憶。

巨網苔蛾若蟲

身穿灰白色長毛皮草，腹側具黑白條紋，常見於樹上爬行。面對入侵者頭部仰起有如蛇狀，具有宣示主權恫嚇的意思。雖然沒有蝴蝶的美麗卻有更高貴的氣質，面對狗仔的偷拍，只有擺出更撩人的姿態搏取版面。

刺蛾若蟲

大鳳蝶若蟲

走在林間，一心只想會不會遇到結束冬眠的青蛇娘娘，卻被一雙大眼睛所吸引，原來是一隻鳳蝶寶寶已脫去灰白表皮，形成有保護色的綠皮外衣隱身樹林，探頭探腦地在做日光森林浴，一時之間很難發現，也讚嘆保護色神奇的偽裝。

換個角度閃過前面的葉子可以看到全身。

其實牠的位置高我兩個頭，為所得最佳角度，找了一個石頭墊高我的視點。

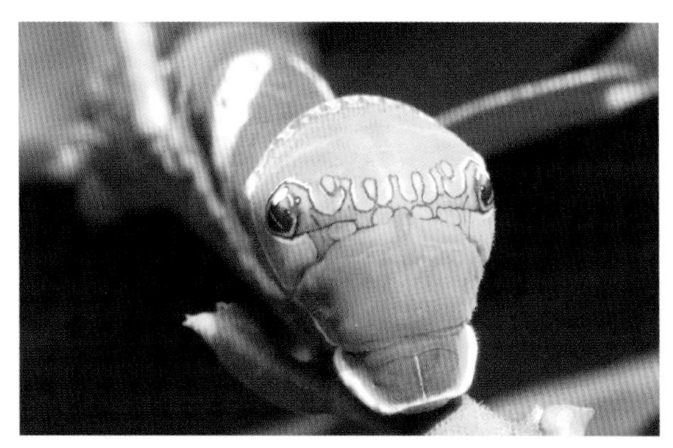

趴在樹上一動也不動，不因為我的存在而影響日光森林浴的雅興。

榕透翅毒蛾若蟲——榕樹殺手

若蟲喜歡吃桑科榕屬植物（像是榕樹、琴葉榕、澀葉榕等），會把葉子吃得破爛不堪，是具有咀嚼式口器的害蟲，也是榕樹殺手，常見於榕葉上活動，吃於葉面也結蛹於葉面。

對於喜歡記錄生態影像的人，除了趴趴走以外，身上最好隨時帶著一台相機，但可不是專業的微距單眼，和手機相同大小的傻瓜相機一樣能夠捕捉眼前的驚喜。

野外拍照最高興在於，在不同的地方，分別拍到相同蟲蟲不同的成長階段，先是半個月前在天母古拍到毒蛾的幼蟲，相隔半個月後在芝山綠園拍到毒蛾蛹（感謝芝山綠園園丁張大哥熱情提供）。爾後，又在師大理學院拍到成蟲。

蛹褐色頭端粗圓，尾端尖，有紅褐色及黑褐色斑點。成蟲雌蟲黃白色，雄蟲灰黑色，翅膀透明無色。五至十一月半年期間出現於公園、樹林及山區，為常見蛾類。

蝴蝶、蛾類成長階段

卵→幼蟲→蛹→成蟲。

台灣馬蘭，是蝴蝶幼蟲以及竹節蟲喜歡寄主的植物。

不要問我是誰？我是美麗金蛹

穿梭林間忙著拍照，回到家裡忙著查證這是什麼東西。然而，知道蟲的科目名稱，有這麼重要嗎？

告訴你好了，這是上帝不小心掉在林間的金飾。

我是出手相救，還是干預了大自然？

這隻漂亮的毛毛蟲不幸被蜘蛛網黏住了，金黃色的身體加上逆光，趕緊蹲下來猛拍，一來高興這道穿透樹林射進來的陽光，二來見識到細細的蜘蛛網能有如此的韌性牢牢地絆緊獵物，另一方面幼小的毛毛蟲也拚了命地掙扎，表演了一場「鋼管秀」。

這時候一位爬山的阿嬤問我在拍什麼？

「毛毛蟲啊」！

阿嬤說：「好可憐啊，趕快救牠下來啊」！

我遲疑了一下，要是救了毛毛蟲等於是餓了一隻蜘蛛，要干預自然法則嗎？

不管了，決定幫毛毛蟲拍一張沙龍照比較實在，於是我出手干預了。

蝴蝶與蛾都是完全變態型昆蟲，兩者的幼蟲均通稱為毛毛蟲。

一般而言，蝴蝶的幼蟲身體光滑無毛，蛾的幼蟲大多有刺毛，特別是刺蛾科及毒蛾科的幼蟲。而部分蛺蝶科幼蟲有肉棘或刺毛，但對人體沒有接觸性毒；例如樺斑蝶的幼蟲以有毒植物為食，因此體內有毒，這類幼蟲通常有紅、黃等警戒色以警示天敵。

因此在野外採集標本或觀賞時，應避免皮膚直接接觸蟲體，除了保護自己也是對生命的一種尊重。

防空演習下的毛毛蟲

台北五月的天空是忙碌的，尤其是關渡自然公園、富陽公園、芝山綠園這些屬於生態型的綠地，耳朵不時聽到吱吱喳喳的鳥叫聲，也包括市區大樹林立的社區公園安全島等地，更讓人驚喜的是行人走廊也有家燕築巢。

鳥叫聲對於蟲蟲而言，可能就是逃命的空襲警報，一隻毛毛蟲藏身茂密的林蔭，一動也不動地趴著，希望平安度過劫難才有機會變成美麗的蝴蝶。

毛毛蟲若有知，面對鏡頭一定會叫我趕快走啊！也許鳥兒知道鏡頭的前面就是牠

想要的東西？

事實上每隻鳥的嘴都是塞得鼓鼓的，找蟲才是牠們的專業，我還是趕快離開喝一杯咖啡吧。

我和我的好朋友

我一再強調觀察自然生態時身段要低，蟲兒雖非草木也能感受到人類的善意，當你伸出友誼的手，牠也會做出相對的回應，就像忠實的狗兒來回在你的身邊跳躍不已，大自然就等著你的擁抱！

烏鴉鳳蝶

每一種鳳蝶都是時裝流行最佳代言人，眼前這隻身穿黑色具綠、藍色光澤的外衣，生活範圍分布極廣，從平地至低海拔山區，因此在社區公園及近郊山區都容易見到。

成蟲除了冬季外於三至十月間出現，南部全年可見，飛行緩慢，喜歡在陽光下賞花一吸蜜一飲水。棲息時會很低調地躲在林中，但隱藏不了華麗翅面的藍、綠鱗片光澤。

本圖拍攝自金瓜寮茶園內，這裡的蝴蝶數量多而且不怕人類親近，可以在這裡做近距離接觸。

親近蝴蝶的經驗分享

對於台北人來說，近郊的坪林金瓜寮從春天到夏天結束有長達半年的時間追逐蝴蝶，這裡的蝴蝶在茶園中有時多到人泡在「蝶海」中。

因為坪林的蝴蝶不怕人，可因此以慢慢地取景構圖，根據自己的一點經驗，剛開始發現任何生態縱影，先不要興奮地急著拿起相機拍攝，建議有心投入生態攝影的朋友，先蹲下身體放低自己的姿態，與昆蟲保持平行高度可以取得信任，蝴蝶（大部分的昆蟲）通常會消除戒心，甚至會飛到你的手上和你握手作朋友。

黑端豹斑蝶

本種又稱「斐豹蛺蝶」，普遍分布於平地至低海拔山區，台北縣坪林金瓜寮自行車道，有為數眾多的各類蝴蝶，是初學生態攝影的自然教室。

蝴蝶只採花蜜？第一次順利拍到蝴蝶是看到一隻流浪狗留下一灘尿液之後，吸引一群粉蝶在那一灘尿液上大吸特吸牠們的瓊漿玉液。

經過一段時間的學習才知道，喔！原來如此，蝴蝶喜歡這一味，有豐富的礦物質及鹽分，因此觀賞或拍攝蝴蝶除了前面提到要降低身段以外，帶一壺好尿加蜂蜜，噴灑在花朵上面，可以招待蝴蝶喝一杯下午茶，延長停留的時間。

在這裡再爆一點料，蝴蝶其實會怕人，只是坪林的蝴蝶真的很喜歡和人做朋友。

有機會來到觀魚自行車道附近的茶園，一大群蝴蝶正等著您的到訪。

樺斑蝶

樺斑蝶

蝴蝶雖然有著美麗的外表，給人採花蜜的印象，事實上有的喜歡吃鳥糞（弄蝶），有的喜歡喝尿液，而樺斑蝶童年喜歡吃有毒植物（馬利筋），而將有毒物質累積於體內，身體的惡臭味連鳥都不喜歡捕食，成為躲避天敵的防禦武器。

有著毒身體但性情溫和，飛行緩慢優雅，喜歡在陽光下訪花吸蜜，由於不太怕人，我拍攝的距離大約一公尺左右，即便打閃燈換鏡頭等大動作驚嚇到牠們，也會在附近徘徊而不遠離。

樺斑蝶的繁殖力很強，社區公園及近郊山區都可以見到群蝶紛飛的美麗景觀。

紫單帶蛺蝶

本種分布於低中海拔山區，三月以後的季節出現在郊山附近，每當蝴蝶出現時，便明顯感受春天來了。

紫單帶蛺蝶展翅時可見一條寬大的白色條紋，外形有別與其他蝴蝶，為台灣常見的種類。

紫單帶蛺蝶

沖繩小灰蝶

這就是體型嬌小的沖繩小灰蝶，幾乎全年可見，是台灣低海拔山區和平地最普遍的小灰蝶。

牠是和你一起走過十字路口的好朋友。

這裡是忠孝東路。你也有過的生活經驗，走過安全島看見小蝴蝶飛舞，走在路上都能發現牠們的蹤跡。

敦化南路
光復南路
基隆路
忠孝東路三段
忠孝東路四段

白裙弄蝶

是「物以類聚」，還是完美的化妝術？油桐花的身邊始終出現這麼一隻護花使者，白色的花朵搭配著展開也是白色圖案的翅膀。

白裙弄蝶的翅膀表面黑褐色，在翅膀表面下緣白色的面積下方處有淡褐色的橫斑，所以又稱滾邊裙弄蝶。生活於低、中海拔山區，喜歡訪花吸蜜也因此更增添五月雪的美麗傳說。

中埔山賞油桐找蟲蟲

「請問中埔山在那裡？」可能很多人不知道。就因為太多人不知道，所以保留了豐富的生態資源。

四月分從富陽公園濕地往中埔山方向步行約20分鐘，即可看見一團團白色的油桐樹，沿路除了掉落的白色花朵還有不少的蟲蟲漫步林間，處處充滿驚喜！

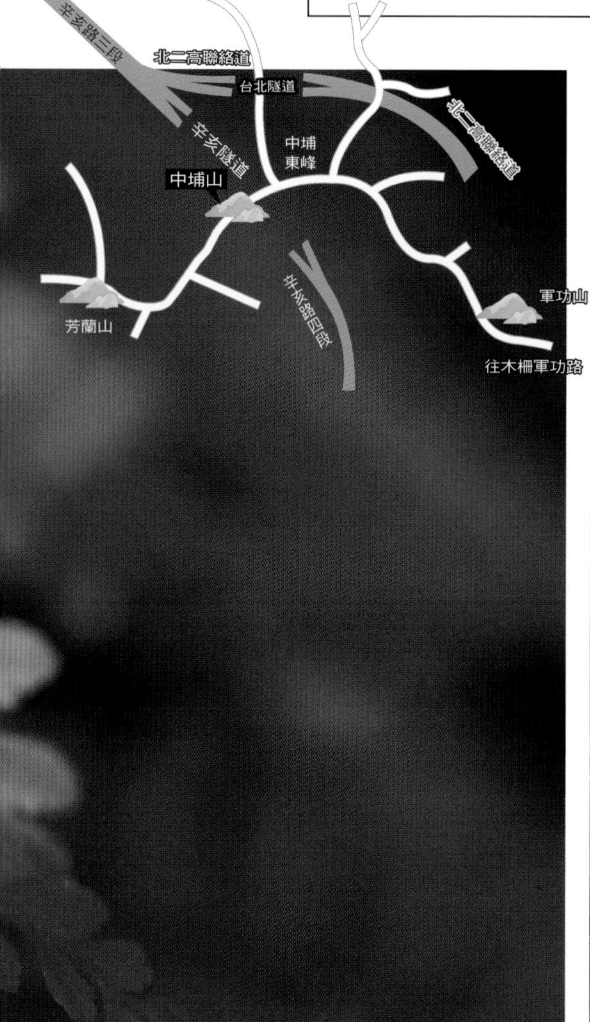

前面是辛亥路，站在這裡把北二高踩在腳下。

小紫斑蝶

小紫斑蝶

敦化南路是一條什麼樣的路？往北是去松山機場的主要幹道，往南則是到木柵的必經道路，對我而言，筆直的林蔭分隔島，是我尋蟲的生態天堂。

可能是久居城市早已習慣車水馬龍，小紫斑蝶彷彿才是這裡的主人，落落大方毫不扭捏作態的個性，讓我可以親近觀察。

本種成蟲全年可見，飛行緩慢優雅，吵雜車輛及行人，並不影響喜歡訪花吸蜜的雅興。

恆春小灰蝶（玳灰蝶）

休假日一如往常，送完小孩上課之後迫不及待地走向市區分隔島，細細品味兩旁路樹有何生態，卻驚見道路兩旁早已群蝶飛舞，彷彿回應無車日早日到來。

本種幼蟲以各種樹木的果實為食，包括荔枝、龍眼、柿子等，小灰蝶飛行至此，顯然附近有這類的果樹。

恆春小灰蝶常見於路邊的花叢裡飛舞，普遍分布全島為常見的種類，棲息量很多。本屬有三種，另兩種較少見，主要分布中海拔山區。

從背後看，後翅有橙色的黑眼圈。

恆春小灰蝶，雄蝶翅膀表面為黑褐色，雌蟲翅膀表面為暗褐色無橙色斑紋。前翅中央及後翅有橘色斑點，翅腹面前後翅有曲狀斜帶白色鑲邊。

台灣黑星小灰蝶（黑星灰蝶）

有時一身裝備來到郊山一無所獲，我稱這種情形也叫「揁龜」，但運氣好的話一口氣三、四種蟲子同時出現在眼前忙得不亦樂乎，就像這隻台灣琉璃小灰蝶停棲的草叢，又有褐背細蟴、盲椿象、食芽蠅等，可以一次拍個過癮。

本種主要分布於低海拔山區，若蟲以許多不同樹木的花為主食，例如野桐、白匏子等植物，成蟲三至十月出現，常見於花叢間訪花及潮溼地吸水，為常見的種類。

台灣黑星小灰蝶雌雄有別

雄蝶	VS.	雌蝶
表面暗褐色，翅面具紫藍色光澤。	翅膀	表面無光澤，翅腹面較白前。
前翅外緣弧度較直，中央有不明顯的白斑。	前翅	翅外緣弧度較圓。
灰白色	翅腹	較白

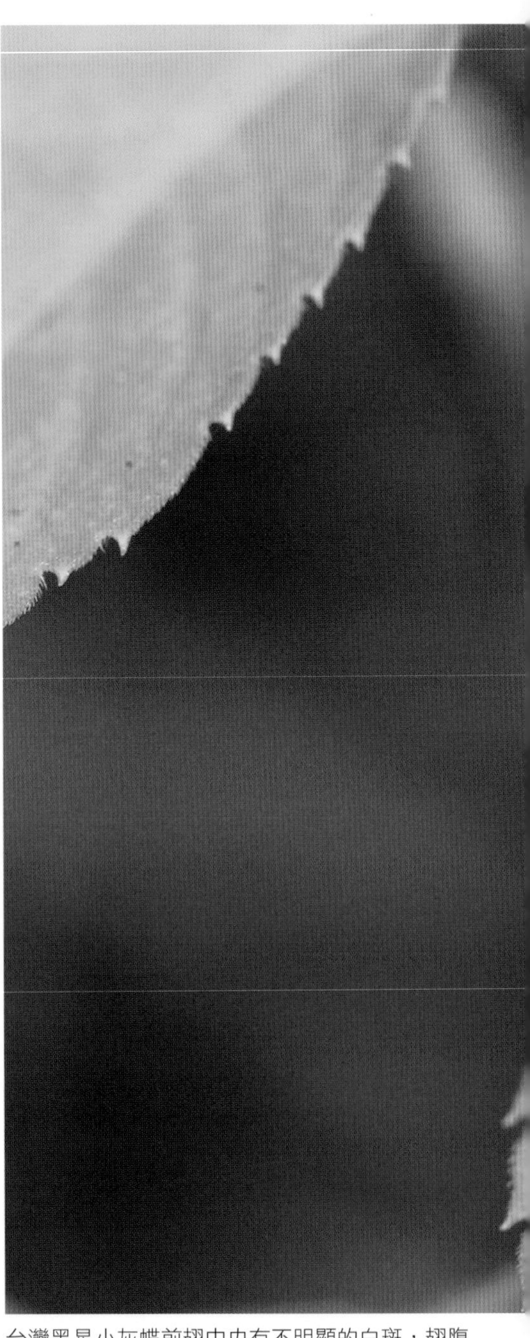

台灣黑星小灰蝶前翅中央有不明顯的白斑，翅腹面灰白色，後翅有大小不一的小黑點。

巨褐弄蝶（台灣大褐弄蝶）

本來只有南部才有的物種，可能是因為氣候暖化的因素，現在連台北都可以看到牠們的身影，真的是福氣啦！

外表樸素並不特別華麗耀眼，大多數的蝴蝶喜歡喝尿液，然而許多弄蝶偏好吸食鳥類的糞便，也就是說在鳥糞的附近可以找到弄蝶。幸好鳥糞以外也喜歡訪花，很幸運地，我在野薑花上面拍到牠。

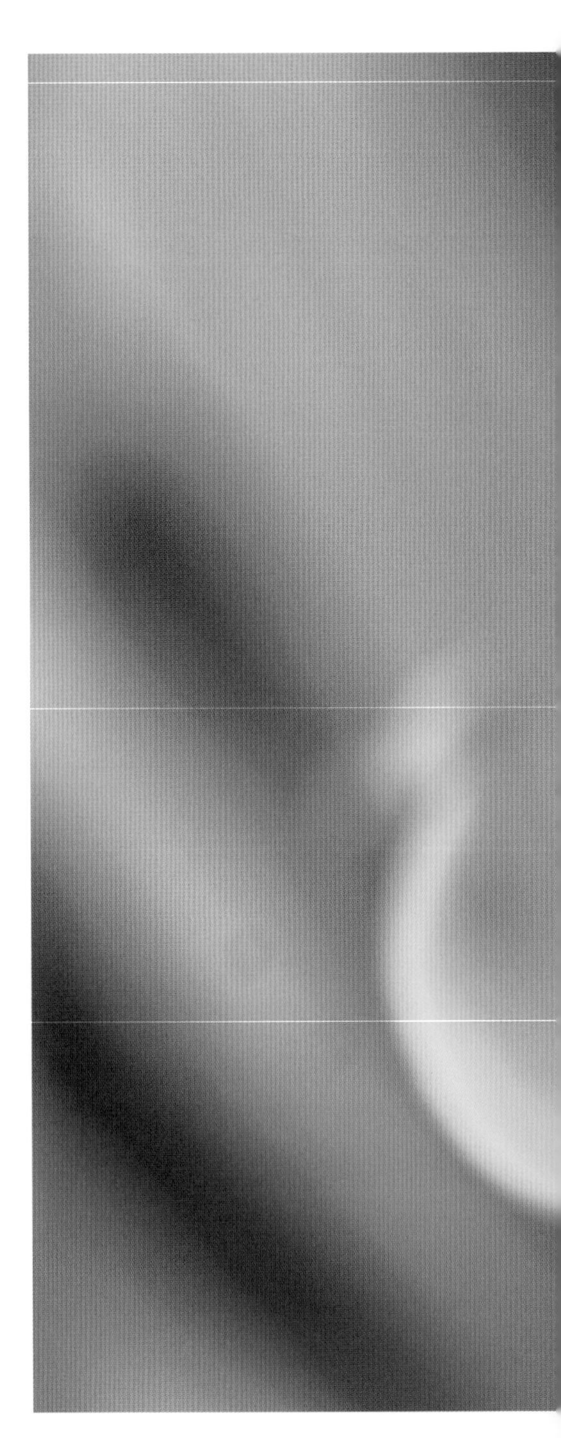

虎山自然步道沿路的草叢都可以找到弄蝶的芳蹤。

台灣黃斑弄蝶

秋高氣爽的十月黃昏，將台北舖陳一片金黃色，是氣壓所致一切都顯得懶洋洋的，我放棄再往前走，就連山上的每一隻蝴蝶都趴在葉子上休息，所有的生態彷彿都在空氣中定格，而成了最佳模特兒。

台灣黃斑弄蝶分布於平地至低海拔山區，這隻出現在虎山自然步道旁，常見於陽光下訪花吸蜜，為常見的種類。

翅膀表面底色黑褐色，近後緣有一條橙黃色寬廣的橫帶，翅腹面黃褐色具稀疏的黃斑，斑紋為近似種中較不明顯。

小蛇目蝶（眉眼蝶）

台灣蝶類種類豐富處處可見，本種普遍分布於平地公園、校園路樹至低中海拔山區，常見於陰暗潮溼的地方活動，成蟲全

年可見，為常見的種類，喜訪花、吸樹汁汁、水份或腐果。

小蛇目蝶有夏型和冬型兩種，夏型的蛇眼紋較發達。前翅表面有兩枚大眼紋，共有七枚眼紋，第二枚最大。翅腹面有一條淡色的波浪橫帶。

狹翅弄蝶

弄蝶為介於「蝶」和「蛾」之間的一類昆蟲。

體形上，小的蛾類只有一至二公厘，大的展翅達三十公分以上，所以，小的比最小的蝴蝶小，大的比最大的蝴蝶來得大，每年三至九月常見於花叢訪花或展開雙翅進行曬太陽，也喜歡在濕地吸水或動物的尿液，為全省常見的物種。

輕輕地靠近，弄蝶會飛到你手上的葉子報到。

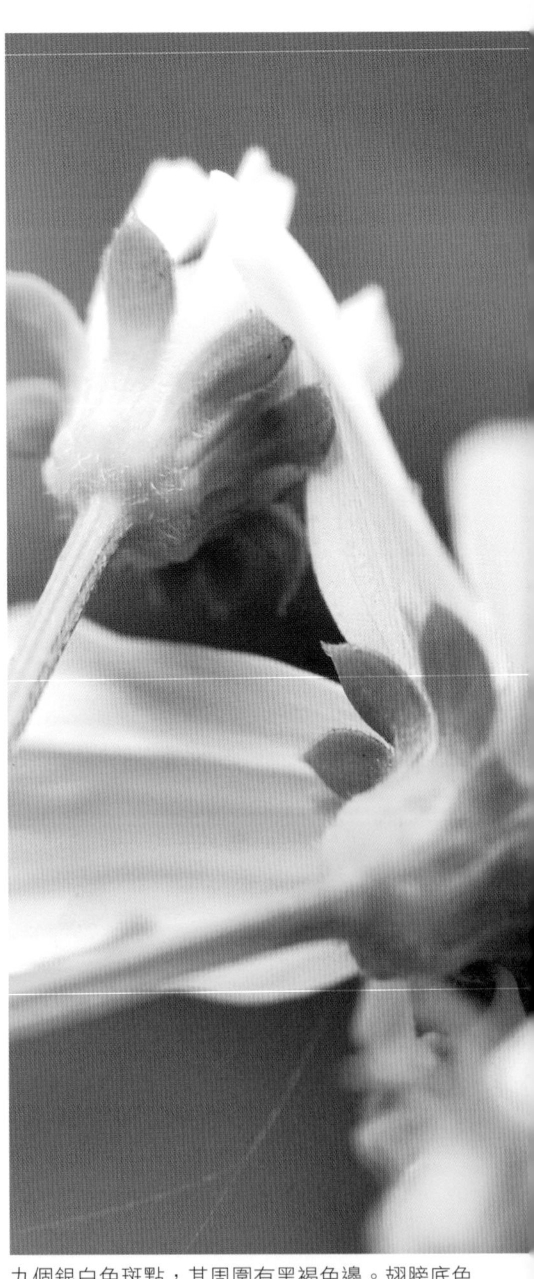

九個銀白色斑點，其周圍有黑褐色邊。翅膀底色為黑褐色，翅腹面為黃褐色，後翅的翅表無斑紋，翅腹面的斑紋和翅表相同，有髮絲深黃色條紋。

土紋桑舞蛾

台灣特有種，體型極小的生態嬌客，多活動於平地至低海拔山區，喜歡訪花，屬小型蛾，這隻出現在天母古道水管路上，停棲時幾乎靜止不動，不因假日登山人多而怕人，非常容易親近觀賞。

體型雖小但由於鮮艷的黃橙色前翅停在綠葉上而顯得耀眼，頭胸背板及前翅基部區域有具顆粒狀的斑紋，翅面有粗細不等的六條黑色橫帶，另有兩條弧線較大的橫帶，前翅外緣有角度更大的弧線。

土紋桑舞蛾

後凸蝶燈蛾

棲息於低中海拔山區，數量較少見同屬家族種類（本屬有九種）。雄蛾斑紋發達，雌蛾斑紋較細且稀疏。

後凸蝶燈蛾，你看出誰是新郎，誰是新娘？

荷氏透翅斑蛾

誰才是偽裝高手？

攝影者應該穿什麼顏色的衣服？迷彩衣嗎？要了解這個問題，就要拋開人的本位主義，站在蟲蟲立場的「蟲」位主義，了解蟲蟲有多綠。

蟲蟲有多色，認識蟲蟲的眼睛：

複眼：由很多小小的小眼睛所集合，長在頭的兩側稱為「複眼」，最經典的就屬蜻蜓，功能和動物的眼睛一樣，用來看這個花花世界，構造也因蟲的種類不同而有差異。

單眼：位於兩個複眼之間，是一個構造非常不明顯的器官。雖然也是眼睛，但是有些並不是用來看東西，甚至是退化看不見的弱視族群，反而是依靠觸鬚辨別方向或是尋找食物。

昆蟲雖然屬於低等「動物」的弱勢族群，但是牠們的辨色能力有的比哺乳動物高明。例如蜻蜓對顏色的視覺是昆蟲裡的優等生，其次是蝴蝶和飛蛾。令人討厭的蒼蠅和蚊子也能看見顏色。蚊子能夠分辨黃、藍和黑色，可惜還差一個紅色就能看懂交通號誌。蚊子偏愛黑色所以喜歡生活在陰暗的空間，因此膚色較深的人容易被蚊子kiss，想遠離蚊子就要避免穿黑色衣服。

採花蜜的蜜蜂在花叢中能分辨青、黃、藍三種顏色，不過和螢火蟲一樣都是紅色色盲，闖紅燈是會被罰錢的。因此拍攝蜜蜂和螢火蟲穿一件紅色衣服是不錯的偽裝，至少我是穿紅色衣服穿梭林間找蟲蟲。

有了以上的認知，拍攝蜜蜂和螢火蟲穿一件紅色衣服是不錯的偽裝，攝影者身穿迷彩衣只是用人的觀點看待昆蟲，是一件沒有意義的事情。相反的，蟲蟲或動物本身就是偽裝專家，對於大自然的綠色有獨到的辨識能力，哪裡是樹，哪裡是草叢，所謂靠山吃山，靠海吃海，蟲子是生長在綠色叢林混飯吃的生物，辨別綠色是求生存的基本學分，會分不清楚穿迷彩衣的人類嗎？

右圖這隻蝶兒進行完美的偽裝，正在享受流浪狗留下來的尿液—豐富的礦物質和鹽分。對於我的造訪竟然視若無睹，一個不小心差一點踩下去。
翅膀正反兩面完全是不一樣的圖形，在靜止狀態下，與周圍環境呈現近乎完全相同圖形及色彩。
社區公園內的每一個角落都有屬於每一種昆蟲的地盤，要是用人類的標準來看，鄰、里、鄉、鎮都是分配好的自然資源，妙的是彼此不會撈過界。

城市野趣之
我在敦化南路

現在是晚上10點的敦化南路一段。

附近的小巨蛋正在散場，辦公大樓裡疲憊的上班族正陸陸續續離開，而小學操場運動的阿嬤也流著汗水走過斑馬線。

路燈下赫然發現兩根觸鬚正在竄動，分隔島上的矮樹叢上演著新生命的誕生，趕回家拿相機也是值得的。

這兩年雖然談不上上山下海那麼偉大，在郊山尋蟲至少不會讓記憶卡空手回家，最讓我驚喜的還是在市區裡找蟲蟲的樂趣，而且是在車水馬龍的快車道上。

生態不在山林，就在身邊，這才叫做生態。

這裡是敦化南路一段快車道旁的分隔島，左邊為公車專用車道。一對觸鬚的竄動宣示新生命的誕生。此圖為翌日下午補拍的畫面。

長頭蝗

花園裡的嬌客

牠總喜歡倒掛在葉子下面，享受一整天的悠閒。

竹節蟲「躲」在這裡。

棉桿竹節蟲

棉桿竹節蟲的體型柔軟，之所以被稱為「棉桿」是起源於日據時代，曾經嚴重危害棉花等作物，因而得名。可能是棉花糖吃太多了，造成骨質疏鬆全身軟趴趴。

棉桿竹節蟲沒有特定棲息環境，這隻成蟲是在外雙溪山坡地遇到的，大太陽立刻躲到花底下，即便在野外的姑婆芋也是隱身葉子的反面，顯然作風低調不喜歡作秀，以免引來天敵注意。

面對狗仔的騷擾或天敵時，會散發出類似人蔘味用來嚇退敵人。

瘤竹節蟲

經過外雙溪之後在富陽公園、中埔山兩地再遇到的瘤竹節蟲，難到是生性害羞？兩種竹節蟲無論晴天、雨天都只喜歡躲在葉子後面玩耍。

夏天熱到攝影師都快脫水中暑了，所有的蟲子都躲了起來，竹節蟲掛在葉子下面納涼，不仔細看，下半身一截一度讓我誤以為只是一根枯樹枝，差點與牠差身而過。

本種深褐色的體色使外觀上像枯木，全身有許多的瘤狀突起故名瘤竹節蟲。
行經中埔山途中，兩邊有豐富的生態表現，我的竹節蟲曾經躲在這條路上休息。

行經中埔山途中，兩邊有豐富的生態表現，我的竹節蟲曾經躲在這條路上休息。

紅后負蝗（尖頭蚱蜢）

紅后負蝗頭部尖長觸角長在頭頂尖端，所以又叫做「尖頭蚱蜢」，蚱蜢的台語稱「草螟仔」，屬於吃素的昆蟲。紅后負蝗是台灣最常見的負蝗，棲息在平地至低中海拔山區草叢間，幾乎全年可見。

體色為綠色或褐色具有保護色可以進行良好的偽裝，褐色草螟仔喜歡隱身枯葉堆、枯木等地。

「複眼」長在頭部前方兩側，您瞧牠正在盯著我拍照呢！

和紅后負蝗玩捉迷藏

午后的仙草園裡住著一批「原住民」，正在唱歌跳舞照著日光浴，此起彼落的歌聲吸引我的注意。

腳步要輕，牠們才是這裡的主人，紅后負蝗比我們早知道仙草是清涼降暑的聖品。

由遠至近亦步亦趨地靠近我的小朋友，我相信牠感受到我的友善，所以樂意站在舞台上當我的模特兒。

台灣稻蝗

本種又稱中華稻蝗，觸角短，複眼褐色，複眼後方有黑褐色的縱紋延伸到翅膀末端，腹部和腳皆為綠色，身體有細小黑色斑點。

分布於平地至低海拔山區，為草叢間常見的種類，輕輕撥弄草叢受到驚嚇後會跳出來。

由於蝗蟲從若蟲到成蟲均吃食植物的葉片，本種以禾本科植物為主食，對農民可是害蟲之一，不過在野外能零星見到，對於都市人也算是一種幸福。

來到前山公園原本只是想拍一點荷花和蓮花的差別，卻意外碰到老朋友一攀木蜥蜴，去年剛開始找昆蟲就是從體積較大的攀木開始著手練習，此後才發覺山林間很容易找到小攀木，只不過前山公園的人潮雖多，但這裡的蟲蟲卻非常怕人，往往來不及對焦就跳走了。

整個前山公園大多是拍藍鵲的朋友，相對地，在藍鵲的地盤底下，蟲蟲自然不會太多。有興趣找蟲蟲的朋友建議往公車總站的裡面徒步走進去尋寶。

這一隻顏色鮮艷近乎螢光綠的台灣稻蝗，在沒有保護色的掩護下出現在枯木上顯得格外醒目，由於體積太小（1.5公分左右），跳到草皮上一個不小心可能就會踩下去喔。

上下兩隻綠色台灣稻蝗差別在於，上圖為終齡若蟲，已見翅芽形成。

假如說海芋是頂湖的特產，那麼台灣稻蝗應該是頂湖的原住民了，你的腳步只要接近草叢堆，可能就會有數十隻的台灣稻蝗受到驚嚇而跳出來。

本種體背灰褐色或紅褐色，「下巴」綠色，複眼淡褐色，背脊黑褐色條紋延伸自複眼後方到翅膀末端，腹部和腳都是綠色，天生註定要住在綠色草叢裡。

本種又稱中華稻蝗，體色具個體差異，普遍分布於平地至低海拔山區，為草食昆蟲，以禾本科植物為食。

紅后負蝗與台灣稻蝗，同在一個舞台上守望相助。

瘤喉蝗。

頂湖生態

走進頂湖會被廣袤的自然景觀所吸引，但不包括海芋季帶來的人潮景象。這裡的每一枝草、每一棵樹、每一塊草叢都充滿了生態所帶來的驚喜，我移動的腳步聲可能驚動正在熟睡的蝗蟲而四處跳動，這時候正式上演人追蟲蟲的戲碼。

愈走進頂湖深處，愈能夠體會生態就在腳下的情境，因此體力要夠，行程要優閒，離開的時候別忘了來一碗地瓜湯，為自己的行程畫下滿分完美的句點。

台灣稻蝗（褐色型）

短角異斑腿蝗，終齡若蟲已見翅芽。

短角異斑腿蝗

外星人入侵地球，草叢裡的巨無霸，相機貼得這麼近竟然還敢回嗆？我可是農夫眼中頭號通緝犯的蝗蟲。

本種常見於平地至低海拔山區、草叢活動。

突眼蝗（台灣特有種）

有別於其他蝗蟲近親，頭上長了一對突出的大眼睛故得其名，還有兩眼中間的錐狀突起物，就是突眼蝗最大的註冊商標，其他蝗蟲無法仿冒。

分布於低中海拔山區常見於草叢之中，體積較一般蝗蟲小，成蟲四至十月出現。

長頭蝗

自從某天晚天上在敦化北路的安全島巧遇長頭蝗蛻殼之後，深信附近就是牠們的生態區，此後更加留意市區草坪的動靜，事實上，晚上嘹亮的蟲鳴聲更加肯定我的判斷。

二○○九年聽奧結束後才知道，原來長頭蝗早已進駐奧運場地的草皮，可以一邊跑步一邊聽蟲鳴，離我家也才五分鐘不到的路程，尋找生態真的不必捨近求遠。

長頭蝗外觀接近紅后負蝗，最大的差別在於頭部細長故得名，身體修長、後腳腿節發達，隱身草叢幾乎和草融為一體。

本種普遍分布於平地至低海拔山區之草叢環境，成蟲出現在夏、秋季，以禾本科植物為食，在草叢裡發出清楚的叫聲，在城市裡綠地可以依循著蟲鳴聲找到，或是輕輕撥弄草皮即可看到受到驚嚇的長頭蝗四處跳躍。

自從發現蛻殼後的長頭蝗，讓我展開敦化南北路的尋蝗之旅，果然在體育場內的草皮發現牠的身影。一身的保護色，就連身長及寬度都和草一模一樣。

長頭蝗、紅后負蝗比一比

長頭蝗	VS.	紅后負蝗
中華箭腳蝗、中華蚱蜢	綽號	尖頭蚱蜢
體型較大，頭部細長。兩側有兩條米白色或黃褐色的線條，後腳腿節細長發達。	外觀	體型較小，頭部尖長，因此又俗稱尖頭蚱蜢；下翅淡紅色，後腳腿節較粗。
短	觸角	短
綠色和褐色	體色	綠色和褐色
夏、秋兩季	活動期	全年可見
禾本科植物	主食	植物莖葉

躲好，早起的蟲兒被鳥吃

附近鳥聲此起彼落，先躲起來再說，不管怎麼用力的躲藏，就是藏不住這一對招牌的鬍鬚。

換個姿勢，往上好還是往下好？該減肥了吧。

危機尚未解除，隨時保持最高警戒。

下一次決定睡到自然醒。

黑翅細蟴

一個小不點，大透紅的上半身，搭配黑色裙子，一雙烏溜溜黑色大眼睛及超過身體長度的觸鬚，在陽光下雖然藏身於草叢底部，不就是萬綠叢中一點紅的特性，被我發現了。

有多小？半公分大而已，若蟲出現於春天至秋季發展至成蟲，主要生活在低海拔山區草叢。由於體積太小，紅色的身體及長長的鬍鬚才能吸引我的注意力。

一段時間不見的黑翅細蟴又長大許多，紅色開始褪去漸漸轉成綠色，或許下一次再見時已接近成蟲的模樣，這個過程讓我見識到什麼叫做「一眠大一寸」。

意力。

黑翅細螽若蟲，是包括我在內，生態攝影師喜歡拍攝的對象，第一次遇見成蟲的這張照片是在前一年九月份拍攝的，觀察的過程中，我伸出手指竟然也可以隨我走了近五分鐘的水管路。

很幸運地，到了第二年從五月開始，陸續在中埔山、富陽公園、市區分隔島拍到若蟲的幾個階段，正好可以連接一個成長記錄。

有愛的城市

小朋友這雙手可能是移動滑鼠的戰略高手，眼睛看到的是螢幕裡的虛擬影像，對於迷失城市的短翅細螽正遊走在都市叢林的鋼索也能伸出友誼的手呵護著：「不要怕，這個城市是友善的，不會傷害你。」

我拍蟲蟲，因為蟲蟲能代表生態保育的真實情形，溪水乾淨，螢火蟲才會捧場；葉子沒有農藥，蟬才可以在樹上大聲唱歌。社區公園偶爾來了一位嬌客訪問，我希望孩子離開你手上的滑鼠，多和這隻「小朋友」握個手，這個城市是有愛的。

胸部由三節組成，分別為頭、中胸、後胸，每節有一對足。中胸、後胸的背部有一對翅。

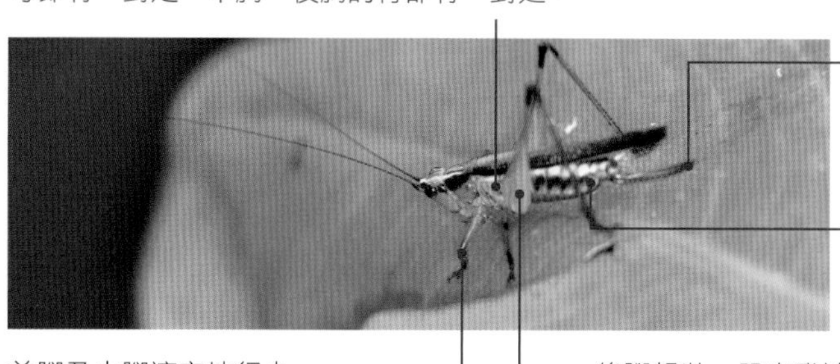

大部分的雌蟲腹部末端有產卵管。

腹部由十一節組成，第一腹節有鼓膜，為聽覺器官。

前腳及中腳適宜地行走。

後腳粗壯，肌肉發達，特化成「跳躍足」，天生跳遠高手。

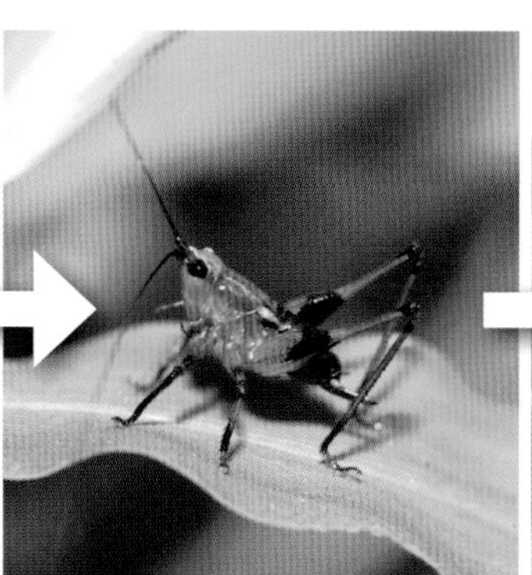

黑翅細螽成長階段，顏色從小紅豆慢慢漸層至橙色到綠色。

竹螽蟴

因為有長長的鬍鬚，我喜歡叫牠陸地上的草蝦。本種分布於北台灣中低海拔的竹林中，本圖相遇在天母古道水管路兩旁的竹林叢。

離開土壤出生後的若蟲就開始跳，是天生的奧運跳遠選手，不但跳得很快，並且

竹螽蟴頭胸背板黑色，前翅褐色，各腿節綠色，翅緣黃色，複眼粉紅色。

可以跳得很遠，由於有強壯的後腿，可以跳得比自己身長十倍左右的距離。雖然如此；如果是溫柔而輕緩地靠近，還是可以近距離觀賞，甚至於手上把玩。

生態攝影每次都有不同的經驗與記憶，我曾目睹一隻小蜇蜇從草叢裡一路高興地跳著，當我還來不及對焦拍攝竟然直接跳在遊客的腳下，當場被踩成蜇蜇醬。

天母古道水管路兩側竹林，可以留意竹螽蟴就在附近活動，石階往上走約十分鐘即是文化大學體育館。

天母古道水管路兩側竹林，可以留意竹螽蟴就在附近活動，石階往上走約十分鐘即是文化大學體育館。

台灣擬騷螽

我曾因為蟲蟲的整個身體躲在葉子裡，無法查證牠的尊姓大名而苦惱。

經過半天的沉澱，我認為什麼蟲蟲躲在葉子裡已經不是那麼重要，重點是；一大片的作物因為沒有農藥的污染，而讓生物能夠安心地進行偽裝躲避天敵，安心享受田野的片刻寧靜與日光浴，真是幸福。

美中不足的，還是被討厭的攝影師發現了。

能在偽裝中尋找到我要的獵物，心中雖然竊喜，卻不能大動作地騷擾牠們，因為一對長於身體的後腳，只要輕輕一蹬，立刻消失得無影無蹤。

每一次離開辦公室，我期待的是，遇見不可預期的緣份。

褐脈露螽

螽蟴，俗名紡織娘的鳴蟲，天生的偽裝高手，身穿綠色外衣，因背上有一條褐色的線條而得名，在草叢裡是很好的保護色，面對人類的親近，只要不是惡意的騷擾，經常是一動也不動地站在原地，否則一雙長腿只要輕輕一跳，便消失得無影無蹤。

常見於低海拔山區，雖屬於夜行性昆蟲，大白天在近郊山區很容易找到。

有著一對細長比身體還長的觸角。

雌螽蟴腹部末端有產卵管，所以這隻是雄性的。

植食性昆蟲，但食性廣有咀嚼式口器。

前、中腳較後腳細短。

後腳比前中腳細長，有助跳躍。

再見褐脈露螽

我住在「富陽大飯店」、「芝山大飯店」，你可以在「野薑花套房」找到我。我不愛動，喜歡站在葉子上面休息，來看我，不要忘記帶伴手禮！

芝山綠園的角落，綠綠的一片發現了什麼？

假如我是一隻鳥⋯⋯

還好，我只是一位攝影師。

「我」住在芝山綠園。

剛開始拍生態的時候，手上握著相機，心裡苦惱地想著：蟲子在哪裡？哪裡去找蟲？

幾次的經驗告訴我，隨時可以找到蟲，甚至於蟲子會來找我。

再經過一段時間……

我特地要找某些蟲子，就像開了菜單點菜一樣，那一年我要找螳螂，找了一年……還是被蚊子咬了一身。

經過一個冬天的沉潛，終於在外雙溪、富陽公園、芝山綠園找到螳螂，而且是每次都碰得到，就像老朋友見面一樣地熟悉自然。

再幸運一點，可以經歷一隻若蟲到成蟲的過程……甚至到死亡。

我在芝山綠園、富陽公園的每一次、每一個角落都會再遇到這隻褐脈露螽。

無論躲在哪裡，牠總是趴在葉子上，一動也不動地靜靜沉思，或許是對我這位老朋友的拜訪已經是一種習慣。

下次應該幫牠做個記號，會是同一隻嗎？

下次見了面再說吧。

這裡是富陽公園濕地位置，對於第一次接觸蟲蟲的朋友，在這條木橋上可以找到蝴蝶、蜻蜓、螽蟴、蜘蛛等多種昆蟲，水池可以見到為數不少的蝌蚪，並有此起彼落的樹蛙鳴叫聲音。
四月天，往中埔山、福州山方向走去，可以欣賞到油桐花開的景緻。

螽蟴

螽蟴在微距攝影的世界裡屬於中大型昆蟲，加上種類眾多又經常出現在近郊草叢附近，靜止不動的特性容易觀察、拍攝。

螽蟴是著名的鳴蟲，是以摩擦翅膀發出聲響，有著比身體還長的後腿，後腳最長，腿節粗，擅於跳躍，擁有比身體還長的觸角。

城市野趣之
我在南京東路三段

凡走過必留下足跡，這是拍攝生態尋找飛羽蟲蟲最好的方法。用耳朵聽鳥叫的方向，用眼睛找地上留下來的鳥糞，通常可以找到鳥的位置；而追尋蟲子，我習慣停留在有蟲子吃過的葉子附近。

所以當忙碌的上班族匆匆忙忙地在市區購買三明治的時候，你一定有看過頭頂飛過一群樹鵲的經驗，樹鵲吃什麼？吃三明治喝奶茶嗎？當然不是，是樹上的毛毛蟲和草叢裡的蝗蟲吸引著它。

南京東路咖啡車旁的樹鵲，吱吱喳喳的盤旋在附近是為了喝咖啡嗎?
牠們定點停留在這裡一定有充分的理由。

犯罪現場？綠葉留下被吃過的痕跡，表示蟲蟲拜訪過，這裡有蟲蟲家族。

雨後的隔天，假如出大太陽，通常也是蟲蟲出來活動覓食的時候，即便在市區旁的路樹也能找到牠們的蹤跡。

蟬聲

到處聽得到蟬聲，只不過被耳機、安全帽、噪音……湮沒在車水馬龍的空氣中。

分隔島遇到薄翅蟬的蟬蛻。夏天台北市區還滿常見的，或許你也可以這樣找車位，生態可能意外的出現在眼前，時間瞬間凝結，讓無聊變有聊，換個角度心情也會不一樣。

羽化的殼蛻

端看生態的物種的多寡，可以看見環境保育做到哪裡，溪流附近每年到了四、五月，可以看到螢火蟲飛舞，一團團發光的螢火，宛若信義商圈的燈火。而淡水河沿岸有人垂釣，表示河裡有魚種存活，環境保育及格與否不是政府主管機關說了算，也不是保育團體說了算，而是螢火蟲與河裡的魚說了才算數。

昆蟲對於環境比人類有先知的能力。有一年某公園辦了一次大型花卉展，大量噴灑農藥的結果，往後一年原本應該出現的毛毛蟲、蝴蝶，真的很難找得到，我們吃的蔬菜也大量使用農藥，一旦蟲子不能吃了，或是蟲子吃了會先死，那麼接下來的人類呢？

蝗蟲是農民眼中的頭號敵人，假如有一天連蝗蟲也吃不到農作物的時候，人吃什麼？原來蟲蟲是保育的先鋒部隊，對於環境有先知先覺的能力，有些還可以做為藥材。

黑蟬羽化後蛻殼也是一種中藥藥材，可以治療外感風熱、頭風眩暈、中風失音、咽喉腫痛、目翳、小兒驚風、夜啼、痲疹透發不暢、風疹、皮膚瘡瘍癮疹等疾病。

高砂熊蟬

大型蟬，又名「知了」、「蚱蟬」，剛羽化的個體布滿金黃色的細毛，雄蟲腹瓣為橙黃色。

本種普遍分布於平地路樹、校園以至低海拔山區，成蟲出現五至九月，常見於樹上鳴叫，尤其是下過雨後出現陽光的那一瞬間，百蟬齊鳴，叫聲震耳欲聾，為台灣常見的蟬種之一。

這些朋友來自前山公園旁的大樹，為遠離車水馬龍的市區增添一點自然的聲音。

高砂熊蟬體色黑色或黑褐色，頭部短而寬，身體堅硬平滑，具金屬光澤。翅透明，翅脈為綠色，翅基皆具黑色斑紋。複眼黑色，單眼淡紅色。

長吻白蠟蟬

「富陽大飯店」，VIP級房客，雖然名為「蟬」但不是平日樹上鳴叫的蟬，而是曾經貴為保育類第二級珍貴的野生昆蟲，身分地位不同凡響。每年六至九月住進位於入口處洗手間對面及濕地附近上方的烏桕樹。

牠們有群聚習性，因此站在烏桕樹旁，仰著脖子，你就可以同時拜訪數十隻長吻白蠟蟬囉。

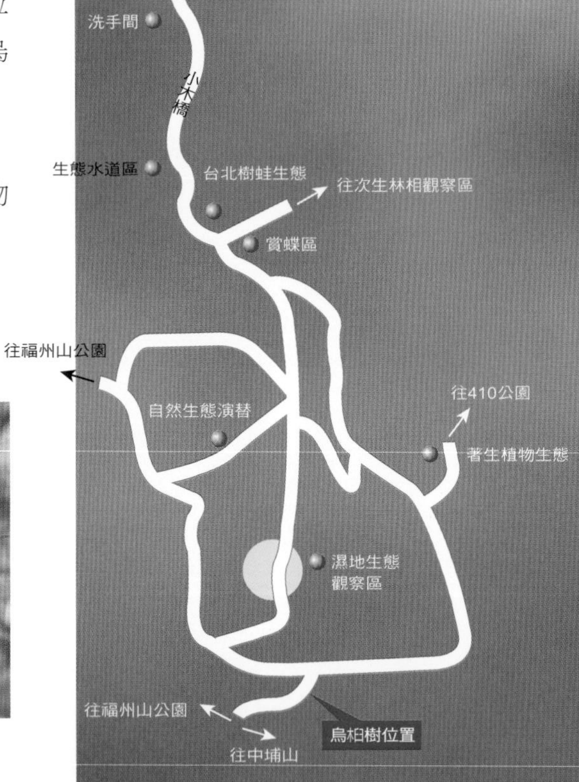

綠瓢蠟蟬

是一片豆荚掉在樹上嗎？行經中埔山的路上一個不小心差點一腳踩下去。喔……原來是綠瓢蠟蟬隱身樹林，又是一場露天化妝舞會。

全身綠色的小傢伙頭部尖細上翹，頭尾兩端尖狹，停棲時翅型呈弧線，背脊一條土黃線的線條，使外形更像豆荚。

本種普遍分布於平地至低海拔山區，常停棲於樹幹或葉下，保護色良好，遇到天敵會以彈跳的方式飛離，是天生跳高選手。

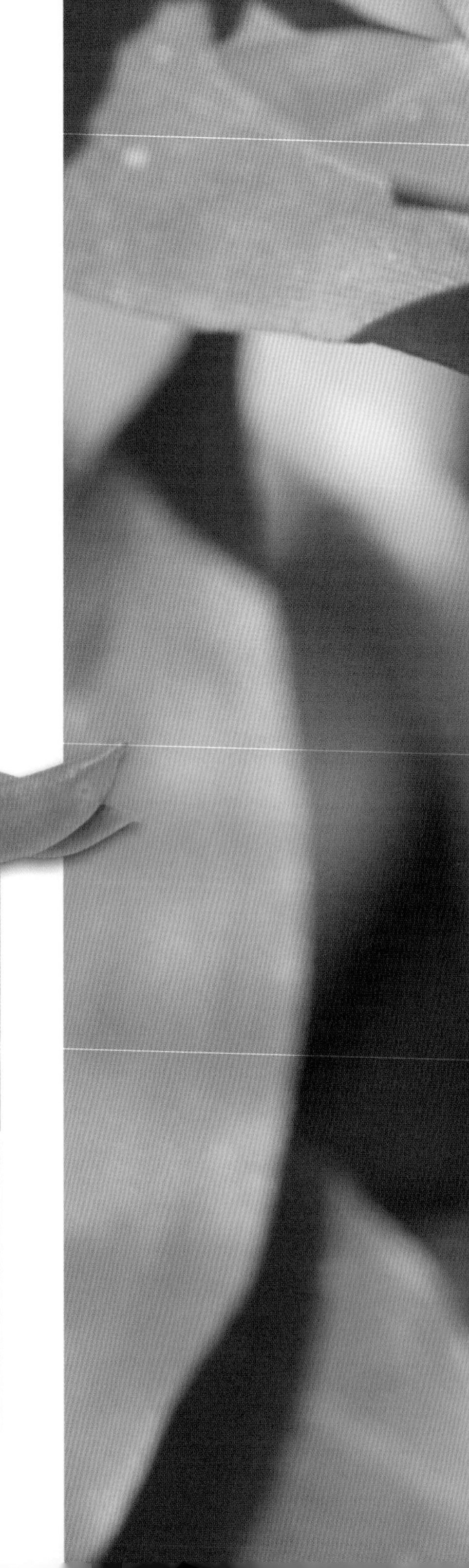

眼紋廣翅蠟蟬

成蟲五至十月出現，主要活動於低海拔山區，可以在富陽公園「蝴蝶生態觀察區」桂花園圃看得到，沒有特定寄主植物以吸取汁液為食。

超級生態景點

富陽公園從入口處走過小木橋，遇到一張木椅請左轉，走個十幾步再左轉來到「蝴蝶生態觀察區」。兩旁草叢有眼紋廣翅蠟蟬、螳螂、鳳蝶幼蟲、椿象、蜘蛛、斑石蛉、蜥蜴等豐富的生態表現。

褐翅葉蟬

九月底再次來到富陽公園烏桕樹旁，想再次拜訪長吻白蠟蟬敘敘舊，可惜來晚了，八月中旬已是稀稀落落，這一次真的連一隻也看不見。

不過富陽公園並沒有忘記我，派了一隻褐翅葉蟬留守歡迎我。

本種普遍分布低海拔山區，常見於低矮的樹林或草叢，全年可見。遇到我的拍攝一會兒打閃光、一會兒移動三角架，牠很快便彈跳離開，展現善於跳躍的本能。

站在平行的位置用微距鏡頭觀察，褐翅葉蟬兩顆扁橢圓形黃褐色的複眼有黑色橫紋。後腳脛節兩側具排刺，和停棲的葉緣竟然一樣。

紅條葉蟬

小小的一片，就像是掉落的葉子毫不起眼，唯一讓人留意的就是頭頂及額頭紅色的斑紋，複眼也有兩條橫向的紅色斑紋，各腳紅色漸層至黃色，後腳脛節兩側有明顯的排刺。

相近家族的共同特徵為眼睛具紅色的條紋，但翅面的顏色和斑紋不盡相同。

本種為我目前見過最小的昆蟲，屬於平地或低海拔山區的種類，數量雖然不少，但若不仔細觀察，很容易擦身而過。

十三星瓢蟲流浪記

近距離觀察蟲蟲，您會發現牠們都是天生的服裝模特兒，從樣式到配色都是人類模仿的對象，而這隻紅色十三星瓢蟲在陽光反射下產生的光澤，莫非就是飾品的原始模型。

幫忙做家事的男人會有好報，這一天洗菜的時候發現有這麼一隻如黃豆一般大小的紅色瓢蟲，洗菜也能找到蟲蟲，這時候已經顧不得晚餐時間了。

牠的旅程我掐指推算：
菜園▶果菜批銷市場▶中崙市場▶我家▶冰箱五小時▶水槽▶社區公園……

牠和我第一次見面的時是在靠近芹菜根部的夾縫中，我把牠安置在陽台的盆栽裡，享受總統級套房的生活品質，第二天一早上班前轉送社區公園，結束這趟都會之旅。

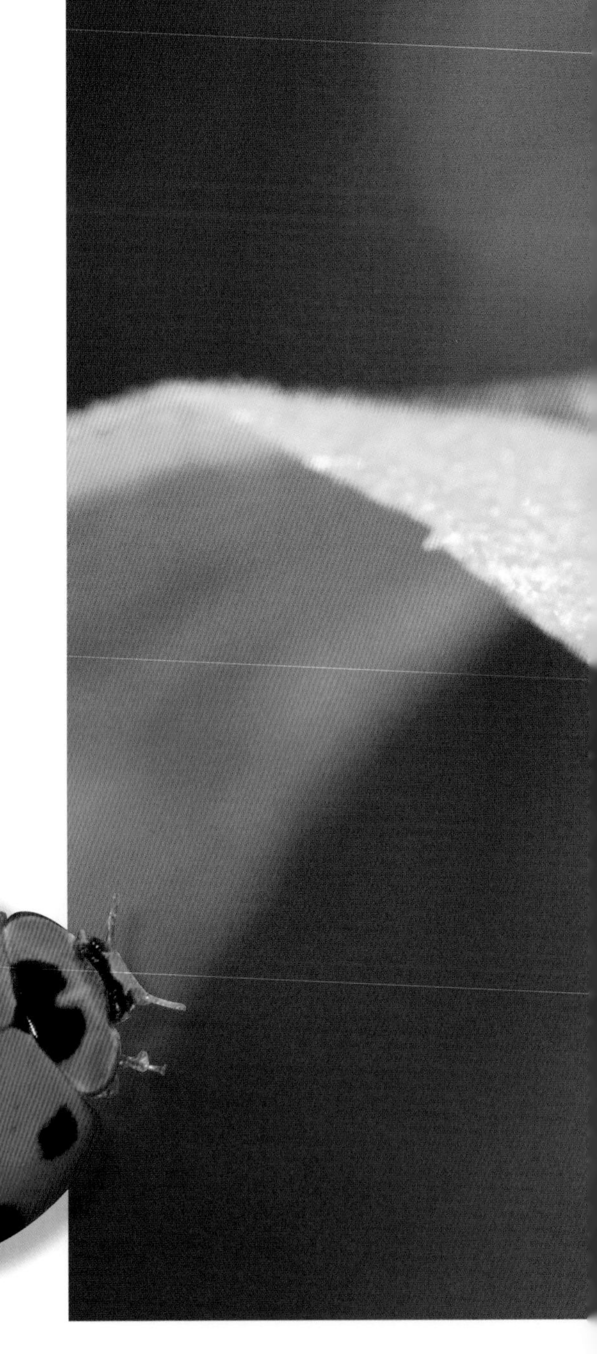

榕四星金花蟲

文字有分形義字及形聲字，昆蟲也是因其特色而命名，就像這隻以榕屬植物為主食的榕四星金花蟲，金黃色胸背甲上的四顆星，原來小東西竟然是一位四星上將！

本種分布十分普遍，常見於社區公園、學校、近郊山林等地方。

大黃金花蟲

主要分布中低海拔山區，寄主山漆樹為食，這位小朋友身高約一公分，要不是鮮豔的黃色吸引我的目光，其喜歡陰暗角落、較少出現在陽光下做日光浴，的習慣實在很難找得到。

身穿金黃色衣服，前胸背板具側角，翅鞘黃色具有若隱若現縱向的溝紋。大多出現早晨、黃昏時段，具夜行性，這隻為本屬中較常見的種類。

在富陽公園的姑婆芋背面及底部，可以和牠玩捉迷藏遊戲。

擬變色細頸金花蟲

二〇〇九年十月盧碧颱風帶給台北充份的雨量，水氣飽滿的草皮，從分隔島到近郊山區，生態垂手可得。這一天，太陽露了臉甚至沒有一點風，這種天氣在秋天已經不多了，又剛好碰到我的假期更是少見，決定為這本書再拚幾隻蟲回來。

果然，就在芝山綠園的停車場草皮上，就被眼前這隻小不點的紅色所吸引。本種分布於低海拔山區，棲息潮濕的環境，因此選擇在下雨過後出門尋蟲果然沒錯，也順便一起餵飽蚊子。

橫紋豔擬守瓜

橫紋豔擬守瓜

拍攝生態，可以強迫自己利用休假時間從事戶外運動，培養觀察力，證明年近知天命的年齡依舊可以戰勝老花眼，尤其是這麼小的金花蟲，不只是黑到發亮反光，還有前胸背板黃褐色的光澤，站在綠色舞台上，想不引人注意都很難。

本種生活於低中海拔山區，為常見的種類，寄主山黃麻。

赤星瓢蟲——蚜蟲清道夫

臉部左右對稱的斑點，像極了國劇的大花臉。這一隻是母的，額頭黑色體型較大，公的額頭有白色斑點，體型較小。

體背黑色，前胸背板兩側有兩顆白色大圓斑，小楯板黑色，翅鞘左右各有一枚紅色胎記。

本種分布全島，數量很多，從平地至低、中海拔山區，常出現在蚜蟲出沒的植物上，遇到危險時會裝死掉落地面，或從腿部關節分泌臭液嚇退天敵，為常見的種類。

赤星瓢蟲

紅紋麗螢金花蟲

成蟲於五至六月較多見於低中海拔山區，我在天母古道遇見三次。體色金綠色至藍色，帶有金屬光澤，前胸背板綠色具光澤，翅鞘有四枚紫色金屬色斑具細微刻點，各腳及觸角基部為綠色有光澤，外觀華麗高雅。

紅紋麗螢金花蟲站在斑點枯葉上，體色幾乎融入其中，就像是身穿迷彩衣偽裝在碉堡崗位，等待獵物上門進行伏擊的戰士。

黃細頸金花蟲

身形短小可愛，躲在草叢裡不易發現，那天只是被具有光澤的鮮橘色所吸引，沒想到打擾了正在大啖葉子上蚜蟲的黃細頸金花蟲。

本種分布於平地至低海拔山區，幼蟲以鴨趾草寄主，成蟲出現四至十月，為芝山綠園常見的種類。

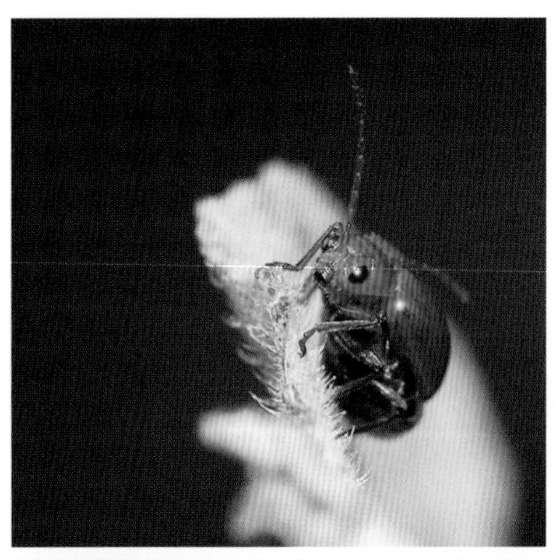

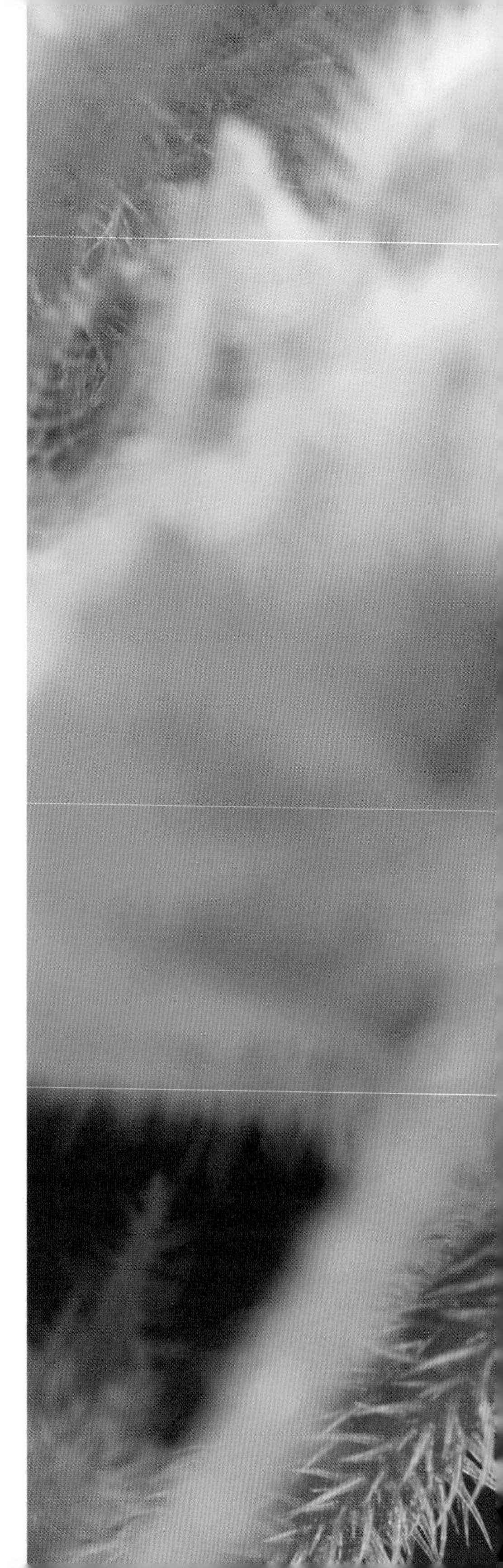

肩紋長腳螢金花蟲

分布於平地至低中海拔山區，我是在坪林護魚溪旁的草叢遇到的，由於體積實在太小，其他遊客對於我專注拍攝草叢，大感不解。

這類蟲子身形嬌小，要不是透過微距鏡頭拍攝，實在是不容易看到其具有亮麗光澤質感的身體，前胸背板橙褐色，翅鞘前半部黑色，後半段為半透明的米黃色，前半有兩個米黃色大斑。

剛開始遇到我的拜訪會跳躍飛離，不久又飛回原地。喜歡群聚活動，因此可以一次看個夠。

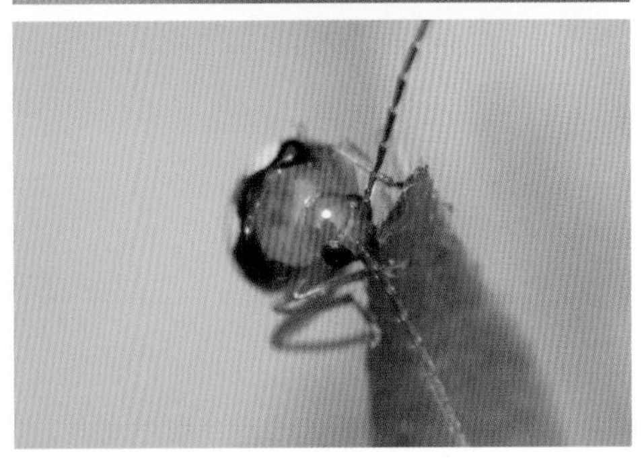

“珍惜每一個角落”

像這種還沒有開發的空地，雜草叢生，甚至是垃圾堆積如山，會是首善之地的台北市嗎？這裡是我從小居住的地方，因為沒有開發，樹愈長愈高、草愈長愈密，以致於春夏兩季的早晨叫醒我的不是鬧鐘，更不是公雞，而是居住在這座「林子」的樹鵲、紅嘴黑鵯。

即然有鳥在這裡棲息，草叢裡的蟲少得了嗎？

尋蟲何必捨近求遠？就從住家開始吧！

樹鵲棲息處、紅嘴黑鵯過境。

許多小學生家長前來取桑葉餵食蠶寶寶。

穿著媽媽送的新T恤，躺在樹蔭下睡午覺，應該不會有人打擾。

從偽裝到接觸

這是一隻幼小的大螳螂，長度大約半根手指頭大小，全身翠綠色的身體「躲」在兔腳蕨上，實在很難發現牠的存在。

靜態的螳螂可以完全靜止不動，不會因為我的打擾受到影響，右邊這隻趴在葉子上面的成蟲可以長達兩小時以上（從發現到離開為止），而下面小的這隻在確定我不是「壞人」的情況下，可以變換不同的pose擔任模特兒，但很明顯地幼蟲的膽子比較小，會移動身體躲藏到葉子下方，以確保自身的安全。

「還拍，小心我的奪命鎌刀腳。」面對入侵者，小螳螂早已擺出螳螂拳預備式警戒。

微翅跳螳螂

身材嬌小，是台灣常見螳螂中體型最小的一種。 一身褐色樹皮的顏色，唯獨前腳是黑色的。

雖然虎山的天空有一大群藍鵲家族在空中盤旋，但還好有姑婆芋在，既可以當太陽傘擋掉紫外線，又可以保住一條小命。

螳螂擺出拜訪的姿勢，是為了獵食做準備，莫非牠想吃掉我的相機？

微翅跳螳螂

大螳螂

螳螂是我初學生態攝影最想拍攝的模特兒，酷似ET的臉蛋，賊頭賊腦的滑稽模樣，一直是攝影師首選，一如美術系的學生一定要畫蘋果靜物、維納斯石膏像那般。尤其是從三月拍到九月看著牠長大，就像隔壁家小孩一樣親切有趣。

這傢伙主要出現在三至九月，分布平地至低海拔山區，社區公園、近郊樹叢間均可發現，屬於樹棲性種類。

以優異的保護色偽裝，黃褐或是褐色的螳螂棲息在樹枝及枯木，綠色種類則在草叢樹葉間活動，靜靜等待昆蟲上門，再以凶狠的鐮刀腳獵殺。

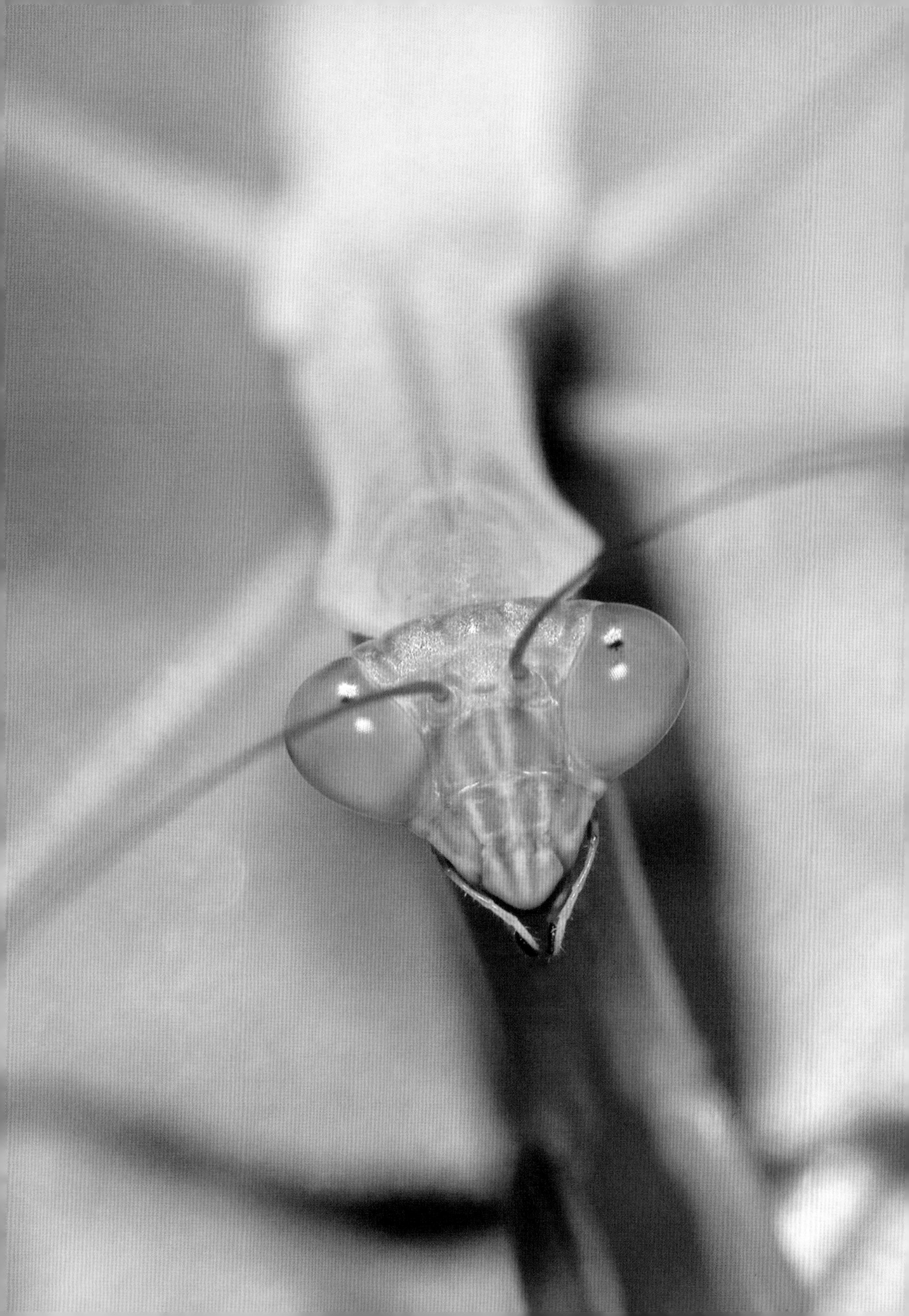

廣腹蜻蜓

本種分布於低海拔山區之湖泊、池塘、沼澤等靜水流域，對於都市人而言，生態公園培養的溼地環境，是最佳觀賞點。

廣腹蜻蜓複眼上方褐色，下方黃色，翅透明，翅痣黑褐色，腹部紅色，腹背有一條黑色的縱線身體末節黑色。

善變蜻蜓——池塘的嬌客

體色有紅色（成熟）與黃褐色（未成熟）兩種，故得名善變蜻蜓。

本種大都居住在低海拔山區，常見於湖泊、池塘活動，每年七至九月的夏天在富陽公園與芝山綠園的濕地附近正是觀賞的好季節。

雄性

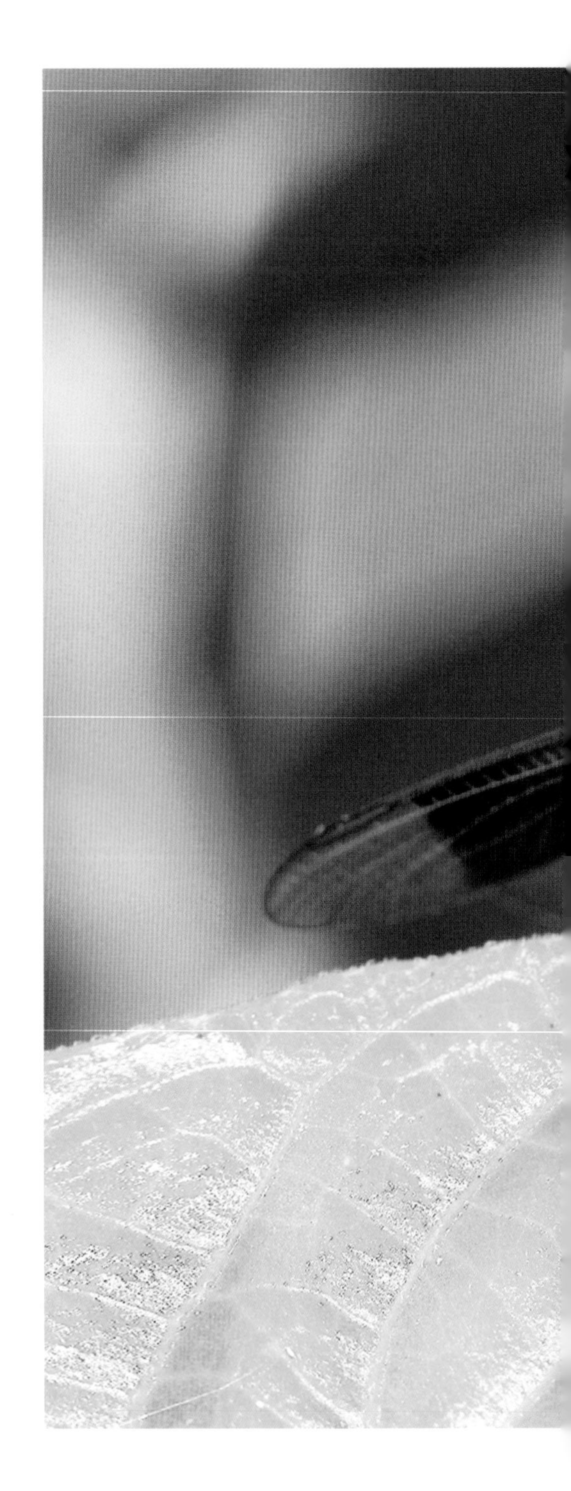

善變蜻蜓雌雄有別

雄性	VS.	雌性
胸部及腹部紅褐色。	體色	體色有紅色與黃褐色。
有三條黑線縱線，左右兩條不明顯。	腹背端部	腹部背面的黑色縱紋較雄性粗。
紅褐色，翅端透明，翅痣紅色。	翅膀	橙紅色至黃褐色，翅端透明。

呂宋蜻蜓

池塘、水田、濕地環境的常客，或棲息於低海山區，成蟲四至十月出現，雌蟲以連續點水的方式產卵，為常見的蜻蜓。

在富陽濕地有五、六種蜻蜓同時出現，呂宋蜻蜓算是較容易親近觀察的一種，初次靠近時會立刻離開，但是飛了一大圈之後，通常都會回到原點，因此，固定好三角架、瞄準原來的地方耐心等待，牠會很樂意擔任無給職的模特兒。

呂宋蜻蜓胸、腹部覆蓋著藍灰色粉末，複眼翠綠色，翅痣黃褐色，翅膀透明，翅基無色，腹部第九、十節是藍黑色。

脛蹼琵蟌（未成熟雄蟲）

分布極廣，一般都市中有植物生長的水池、公園、學校以至中海拔山區皆有其身影，常見於池塘、溝渠、菜園沼澤等水域。

這一隻是在富陽公園的溼地拍到的，是很普通的琵蟌種類。

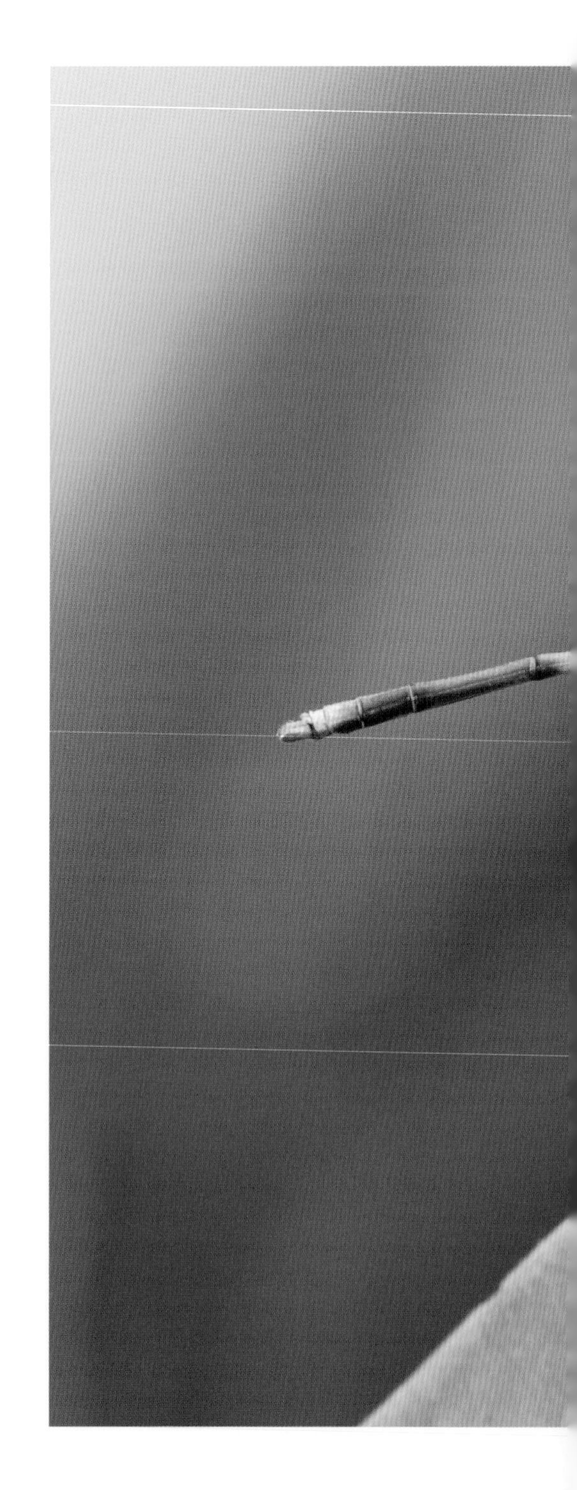

青紋細蟌

常見於低海拔山區池塘、沼澤、湖泊等地，成蟲於四至十月出現，為普通的種類。

短腹幽蟌

Made in Taiwan的物種，只有在台灣才看得到牠的身影，族群遍布全省，為最常見的溪流型種類。

蜻蜓、豆娘比一比

我們可以從眼睛構造及停棲姿態，分辨蜻蜓與豆娘的差別：

蜻蜓	VS.	豆娘
兩個複眼併在一起	眼睛	分開兩邊成啞鈴狀
雙翅平展	停棲時	四片豎立合起

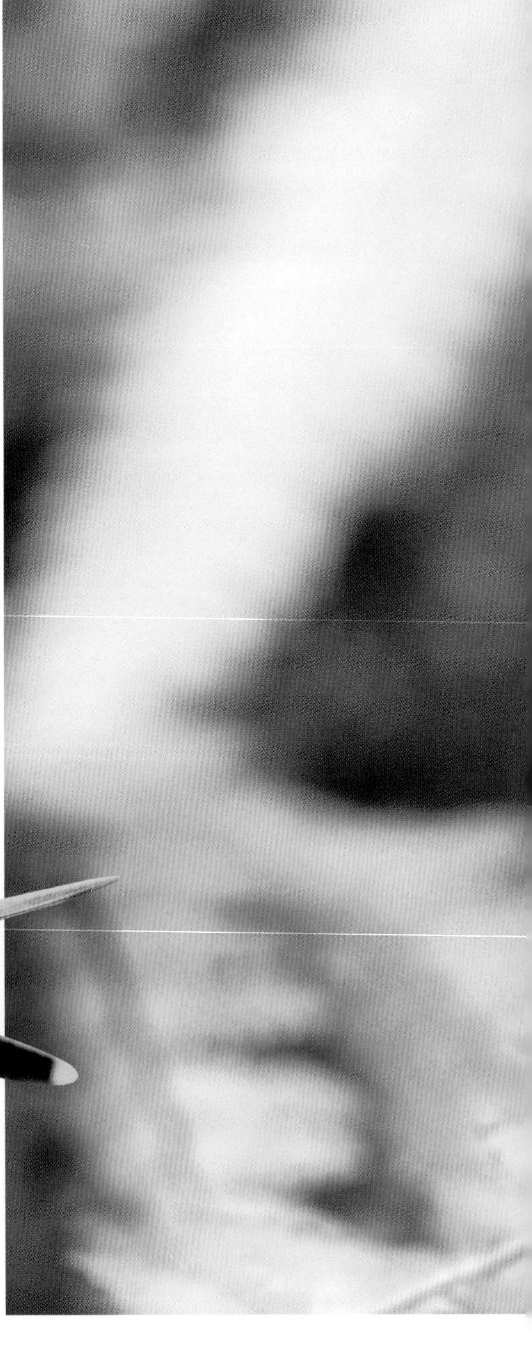

紅腹細蟌

這個大家庭有七位：為葦笛細蟌、蔚藍細蟌、昧影細蟌、紅腹細蟌、黃腹細蟌、錢博細蟌、朱紅細蟌。

這隻體型纖細的紅腹細蟌，生活於平地至低海拔之池塘、溝渠等靜水域。棲息時，習慣將牠那兩對大小、形狀相同的翅膀，合併疊豎於體背上。

分布普遍，成蟲全年可見，為常見的種類。

紅腹細蟌雌雄有別

雄蟲	VS.	雌蟲
紅色	頭部	紅色
綠色	複眼	紅色
透明	翅膀	透明
黃橙色	胸部	黃綠色或黃褐色

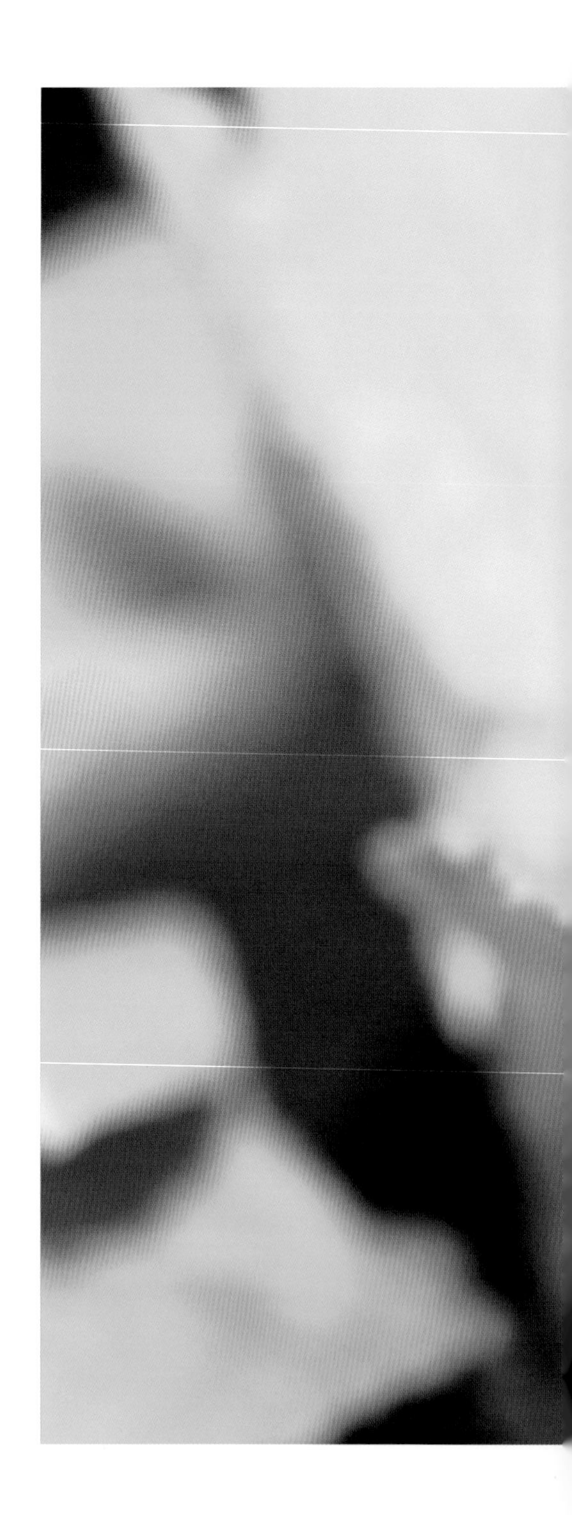

斑石蛉

我的童年出現在春天，成長在夏季。

雄蟲的觸角為櫛齒狀（我是公的），雌蟲的觸角為絲狀。我住在低、中海拔山區有水的地方，夜晚有趨光性，因此帶著一支手電筒，很容易找到我們。

豆芫菁

一年三季走進富陽公園，從園區入口小橋沿著右邊水溝向前走，兩旁姑婆芋下面的草叢，很容易看到豆芫菁大啃葉子。

成蟲夏季在中海拔以下山區極為普遍，由於芫菁素的體內有毒，發現時請不要觸碰或是傷害牠，以免皮膚過敏或是中毒。

慘遭豆芫菁啃食的蕨類葉子。

黃領花蜂

領口掛著一圈厚重高貴的皮草圍巾，黑色短小肥胖的身軀，前胸背板穿著米黃色長毛呈條狀環紋的小背心。

這類花蜂經常出現在菜園訪花，普遍分布低海拔山區，這隻花蜂可能已經受了傷，先在草叢裡短暫飛行，最後終於體力不足停留下來，否則是不容易定格拍下來的。

紅腳細腰蜂

拍到牠是一種緣份，雖然是熟面孔了，每一次進出富陽公園總會碰到牠，只是過動的性格，又好像是愛現的個性，喜歡展現精湛純熟的飛行技巧，很難得靜止下來休息一會兒。

這一次，很幸運地拍下珍貴的十秒鐘。

外觀接近褐長腳蜂，但本種體型大很多，有時會在人的身邊來回不停地飛，體型大，翅膀震動的聲音也很大，蜂針有毒，毒性做為捕捉昆蟲或蜘蛛供其小寶寶食用，對人類並構不成威脅。由於不是群居性，所以沒有護巢的行為，不會主動攻擊人類。

體色從頭部到腹部為單純的紅褐色，具光澤，前胸背板沒有斑點，腹部背面則有淺黑色的斑紋，褐長腳蜂腹部的黑斑較發達。

常見於低、中海拔山區，春夏兩季常見於花叢獨自飛行，為台灣大型的長腳蜂。

黃長腳蜂

生活於低、中海拔山區，習慣築巢於樹叢、甚至於市區屋簷等處。雄蜂沒有針不會螫人，而雌蜂能重覆使用螫針攻擊侵略者。但不是群居性的蜂或是沒有巢的蜂，因為沒有護巢行為，沒有必要螫人。

我親身的經驗是；蜂有自訂的「北緯三十八度線」，你的腳只要越過這一條界線半步，即便不會螫人，也會在你的身邊

來回不停飛舞，發出嗡嗡的叫聲，只要退後半步立刻停止，我曾試過來來回回前後半步，非常有趣。

蜂科是難搞的過動兒，或許是這兩年來的真誠感動了牠，靜靜地停留一分鐘給我，真心感謝。

細扁食蚜蠅——花園裡的清道夫

用微距鏡頭觀察事物，才知道昆蟲世界有趣的一面。

初次以為是小蜜蜂採花蜜？錯了！是食蚜蠅在吃花上面的蚜蟲，蚜蟲小到人的肉眼看不到，難怪食蚜蠅天生有一幅老花眼鏡。

成蟲的食蚜蠅吃花蜜長得也像蜜蜂，振翅飛翔時會發出嗡嗡的聲音，在空中也可以定格，這種現象就叫「擬態」，動作其實是山寨版的蜜蜂，用以躲避天敵的獵殺，對於拍攝或觀賞反倒提供了很好的機會。

而蚜蟲以吸取植物的汁液為生，影響植物的成長並會傳播病毒。食蚜蠅若蟲才是花園裡的清道夫，吃蚜蟲的高手，不過對於種植農作物的地區，卻將食蚜蠅（大部分的蟲類）視為害蟲來防範。

生下來就戴著一副老花眼鏡找蚜蟲填飽肚子。用微距鏡頭看蟲蟲的臉，才發現原來卡通裡的面貌完全取材自真實世界裡的造型。

微腳蠅——愛的進行曲

本種分布於低海拔山區，一年四季可以在富陽公園觀賞，預見春天戀愛的味道。

黑色頭部，褐色複眼。

一對透明翅膀，
翅膀中央及尾部有黑色帶。

胸背板黑色光亮。

身長約9-10mm

六隻腳黑色細長，基部及端部有褐色斑紋，「跗節」呈白色，遇閃光燈會發出如螢火蟲般的光點。

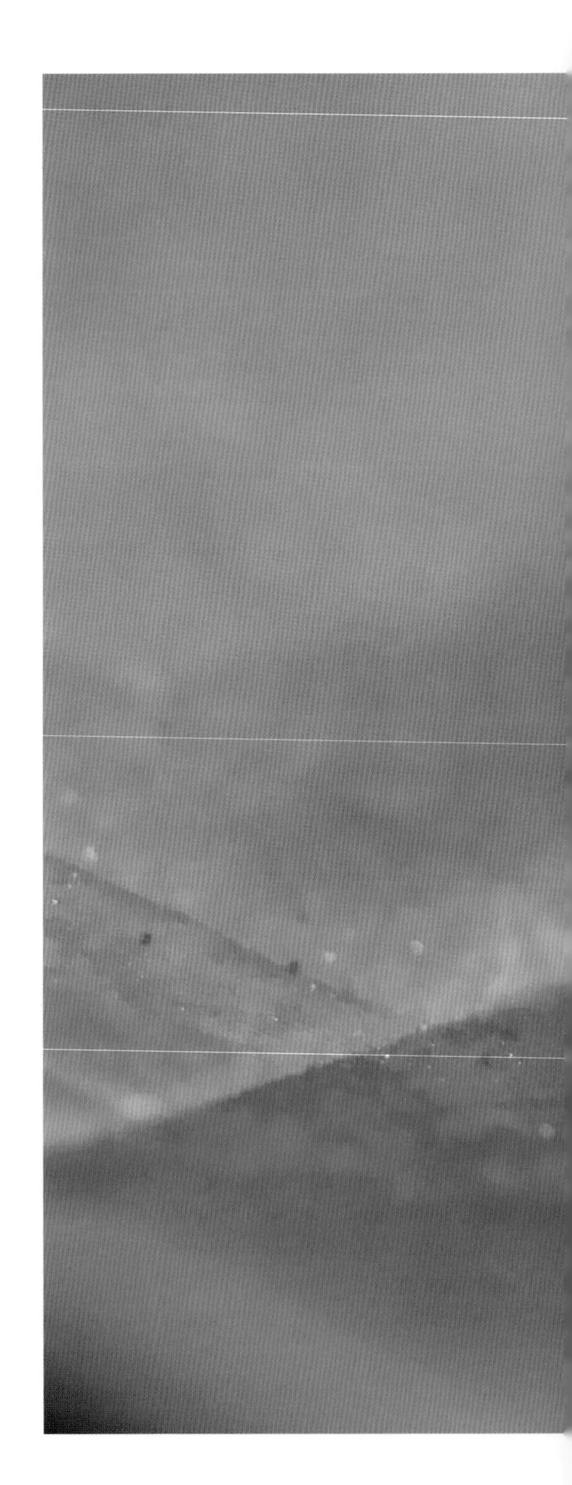

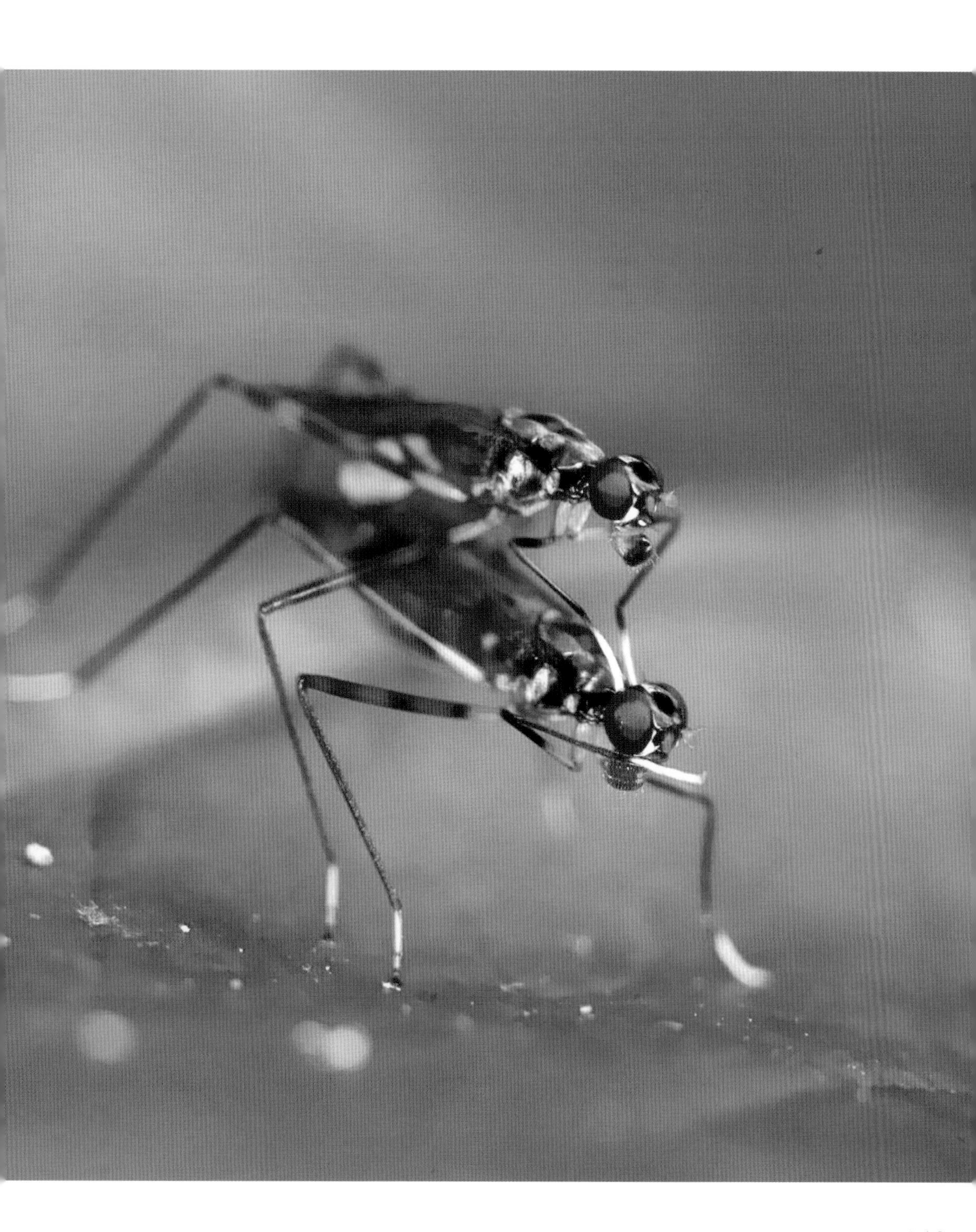

台東櫛大蚊

一大清早的富陽公園聚集一群早起運動的市民，台東櫛大蚊也秀了一段單槓雙引體向上的運動，姑婆芋外緣提供了很好的支撐。

台東櫛大蚊是胡蜂類的山寨版，連飛行體態都是以蜂類為模仿的對象，多數種類翅膀具鮮艷的斑紋，也是飛行的高手，本種分布於低海拔山區，喜歡潮濕有水的地方。

兩隻雌、雄的櫛大蚊分別出現在富陽公園洗手間附近的草叢，以及天母古道水管路水溝旁。由於身體有鮮艷的橙紅色，體型較大，不飛行時靜止不動的特性，是攝影者鏡頭獵取的對象。

雌蟲與雄蟲最大的差別在於沒有羽狀的觸角。

雄蟲觸角長，羽狀發達。

泥大蚊

親近蟲蟲首先要學習接受陰暗潮濕的環境，就像修車的技師不怕油污，廚師不怕熱，拍蟲蟲就不要怕被蚊子咬，我常說，拍蟲蟲就是去捐血啦。

這種大蚊子喜歡藏身陰暗角落，雖然大得很嚇人，常被人一記「降蚊十八掌」就打下去，不過，牠沒有一般蚊子的口器所以不會叮人，而且竟然是素食主義者。

本種分布在平地或低海拔草叢，幼蟲取食植物嫩根，靠吸食水分就能存活，下次看到牠們的時候請高抬貴手，讓牠們珍惜短短十幾天的生命繁衍後代。

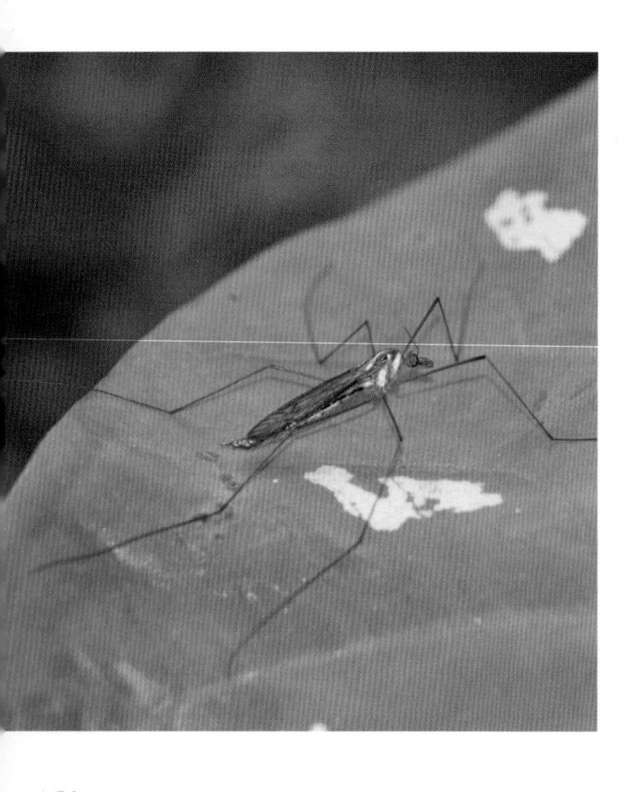

■附錄一

休憩尋蟲好去處

城市化妝舞會

想想看，市區有幾處菜園，有多少綠色傳奇……

走在市區角落寸土寸金的信義路、天母、台視後面八德路的巷弄，還保留幾處菜園，只見地主正辛勤地施肥，和停在一旁的雙B轎車實在極不協調。這裡可能是地主收租以外享受工作尊嚴的地方。

對我來說，周休二日能走的地方有限，這裡可能就是我的攝影棚。

拍攝昆蟲生態可以讓人明顯地感受到一年四季分明。春天，滿山滿谷的毛毛蟲、若蟲，還有出來築巢的鳥兒；夏天，蝴蝶變多了，成蟲的體積變大了；秋天，看到更大的成蟲，還有恩愛的畫面；冬天，蟲子少了，真的很難找。

陽明山前山公園

每年三月開始，前山公園充滿野趣，樹上的藍鵲忙著築巢、哺育到雛鳥練習飛行，成鳥了小寶寶的安全，和松鼠上演地盤爭奪地盤大戰。

樹下的人們忙著嗑瓜子、喝茶聊是非，挽臉、腳底按摩……有時地面上也可以看到人們拿著雨傘和藍鵲展開一場人鵲大戰。原來藍鵲不許人太靠近，也是為了小寶寶的安全。

到了七、八月的大熱天，可以觀賞鳥類洗澡秀。有鳥就有蟲這是我個人一貫的尋蟲教戰準則，既然鳥會築巢，代表這裡衣食無虞，交通便利的條件下可以一再造訪。

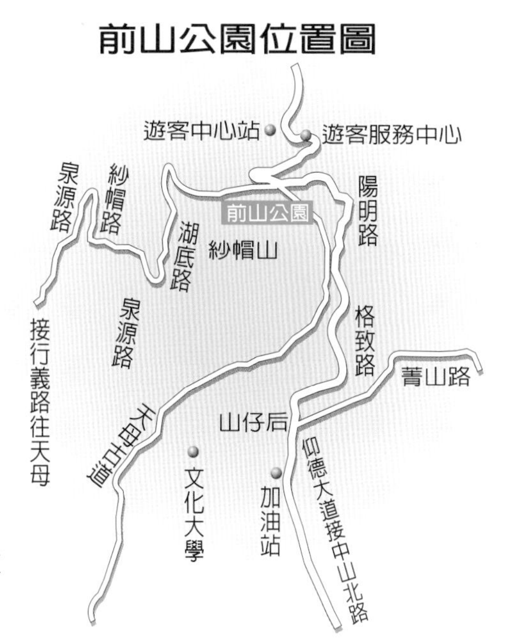

前山公園交通資訊

開車

1.中山北路五段右轉福林路，走仰德大道或由北投走陽投公路直達上山。
2.假日天母行義路右轉接陽投公路至紗帽路上陽明山可避開車潮。

公車

1.台北車站出發至遊客中心：搭乘捷運淡水線或北投線→劍潭站出站→公車紅5號→陽明山總站－換搭108休閒公車。
2.台北美術館出發至遊客中心：搭乘260公車→陽明山總站→換搭108休閒公車。
3.捷運劍潭站至遊客中心：劍潭站出站→公車紅5號→陽明山總站→換搭108休閒公車。

前山公園蓮花池

假如說台北市區裡最大的荷花池在植物園裡，那麼最大的睡蓮池就在陽明山前山公園公共浴池旁的這一處了。

睡蓮花盛開的季節，一天之內可以見到數對新人前來拍攝結婚照，就連蟲蟲朋友也不會錯過蓮花大飯店的良辰美景。

睡蓮、荷花一家親

睡蓮	VS.	荷花
睡蓮科	科別	睡蓮科
water lilies	英名名稱	lotus
印度	原產地	印度
浮水	葉子	挺水
較窄長、較厚	花瓣	較寬、較薄
粉紅、白、黃、粉紫	顏色	粉紅、白色

睡蓮

荷花

湖山路二段
陽明路二段
陽明路二段
湖山路一段
紗帽路
前山公園
勝利街
新園路
建國街
紗帽路
菁山路101巷
陽明路一段

頂湖

陽明山竹子湖的海芋季聞名天下，可是近在咫尺、鄰近的頂湖很多人，可是要問一下「在哪裡」？

和竹子湖一樣以海芋為景點，同樣有地瓜湯、野菜、放山雞等餐廳做為賣點，頂湖有更大的農地面積種植花卉及蔬菜。從陽金公路往下俯視，有點花東田野的味道，可是我確定自己還是在台北市的某一個角落。

由於面積廣闊，全身背著八公斤左右的攝影器材，有時候真的不知道要從哪裡開始走起，其實這裡的生態豐富自然，就從腳下開始吧！

陽明山頂湖位置圖

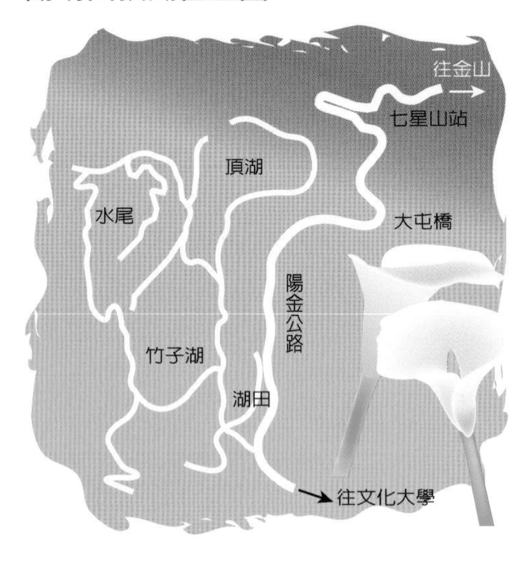

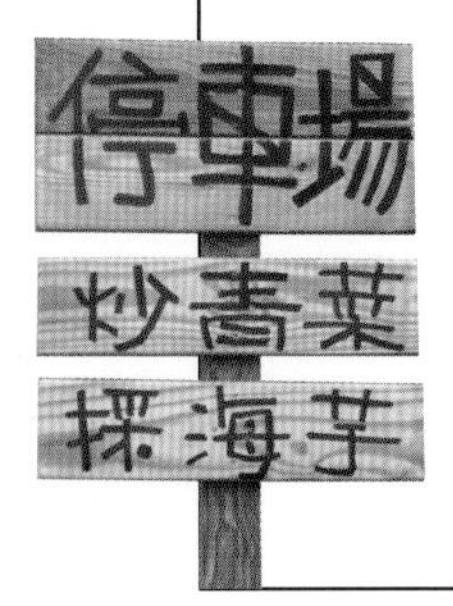

頂湖交通資訊

●開車

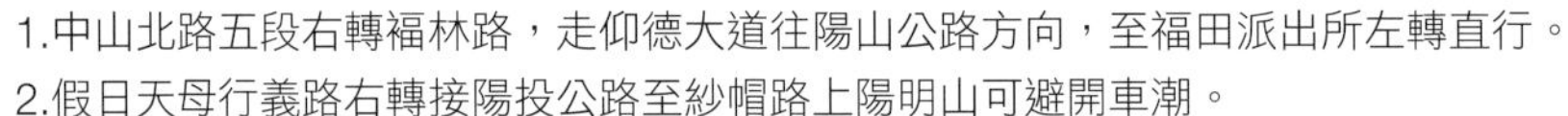

1.中山北路五段右轉福林路，走仰德大道往陽山公路方向，至福田派出所左轉直行。
2.假日天母行義路右轉接陽投公路至紗帽路上陽明山可避開車潮。

●公車

1.台北車站搭260及126公車至陽明山，再轉乘小9及131公車。
2.捷運北投站搭小9公車直達竹子湖，或129公車至陽明山再轉乘小9及131公車。
3.捷運石牌站搭小8公車直達竹子湖。
4.捷運劍潭站搭乘紅5、109、111、126、127公車上陽明山，再轉乘小9及131公車。

天母古道

天母古道起點位於中山北路七段公車總站，長久以來一直是我的私人健身房，只要是不下雨的休假日，通常會前往「打卡」，直到迷上微距攝影，每次上山帶著全套攝影裝備，除了健身，還多了找蟲任務。

著名的水管路，這條大水管沿路石階都可以找到攀木蜥蜴家族的芳蹤。地面上的蜥蜴知道自己被人類發現時，會迅速跳到水管上的「橋墩」再與你親近，居高臨下的蜥蜴站在這裡彷彿是宣示主權，除非你的動作太大嚇跑牠，否則可以近距離觀賞。

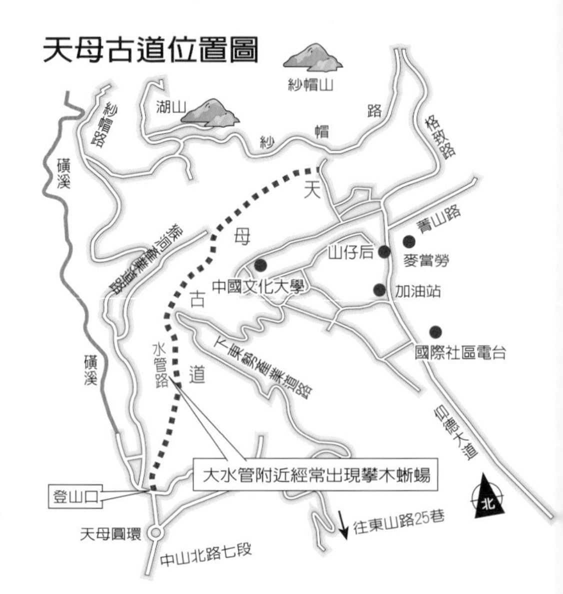

天母古道交通資訊

由類似九份的石階所組成，包括水管路步道、翠峰步道等。入口處從天母一直銜接至陽明山中國文化大學。步道平面2.3公里；全線長度3.4公里。入口於中山北路七段大圓環，再往前直行約5-10分鐘。

●開車

中山北路七段直行到底（232巷），即可抵達登山入口。

●公車

捷運劍潭站轉搭220、224、267號等公車，至天母中山北路。

芝山生態綠園

原是軍方的彈藥庫，釋出後經由台北市政府整修園內建物並規畫為教育展示、休閒遊憩空間，委由台北市野鳥學會芝山岩管理處經營。

尋尋覓覓大半個台北市，走訪園區就像進入一座生態百貨公司，從水生池、生態暖房、台灣野花園、林間植物區、楓香走廊……到芝山岩野鳥護育中心與自然生態做第一類的接觸；也可以到展示館、考古探勘教室，修習自然生態學分，還可了解先人的生活經驗及台北城市的歷史印記。

芝山生態綠園位置圖

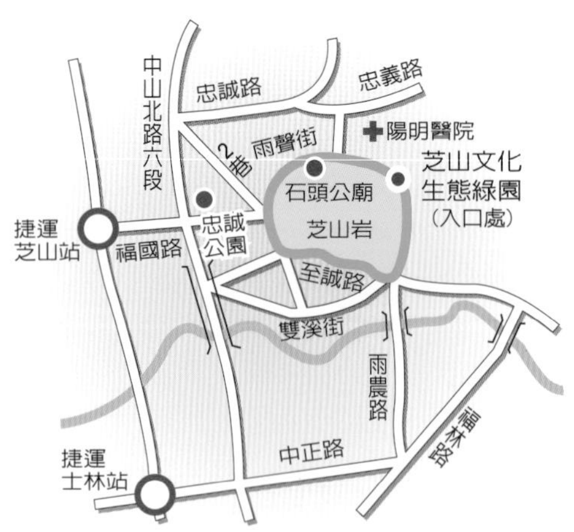

芝山生態綠園交通資訊

●**捷運**

1.淡水線「芝山站」下車，由福國路穿越忠誠公園中山北路6段2巷，左轉雨聲街經過石頭公廟即可到達。

2.淡水線「士林站」下車，轉公車685、紅15陽明醫院站下車。

●**開車**

中山北路六段忠誠路右轉，遇忠義街再右轉一次，至雨聲街左轉，附近有停車場。

關渡自然公園

剛開始著手寫這本書，只是想分享這幾年自己趴趴走的一點記錄，因為早已習慣用相機寫日記，那麼再貼幾張圖獻寶吧。沒想到光是一座富陽公園和天母古道就已經接近百頁，志得意滿之際，覺得世界就這麼大了，這時候反而曝露出城市宅男的心虛，這麼一點東西，憑什麼寫成書啊。

關渡位處淡水河及基隆河的交會口，一直是著名的候鳥棲息地。從沿岸自行車步道的水筆仔、水閘門旁的沼澤地到關渡自然公園，提供更多樣化的生態世界。

關渡自然公園位置圖

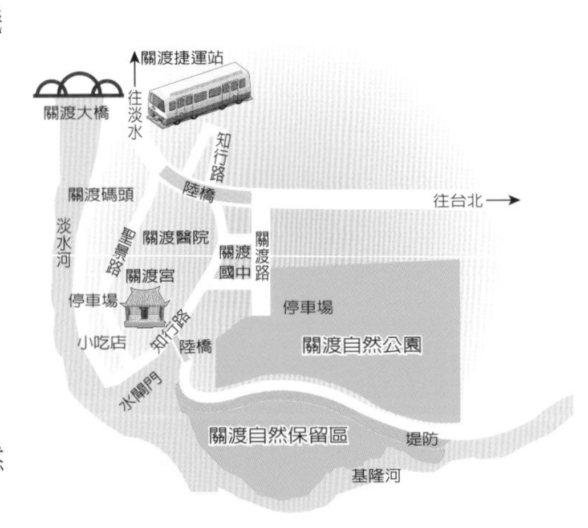

關渡自然公園交通資訊

●捷運

淡水線至關渡站下車，由大度路1號出口轉搭大南客運小23路（往關渡宮）、紅35路公車即可抵達。

●公車

302號公車於關渡國中站下車，沿著國中圍牆人行道步行約3分鐘即可抵達本園。

●開車

1.台北方向於大度路路橋下迴轉，再右轉關渡路即可抵達。

2.淡水方向往台北大度路路橋後，右轉關渡路即可抵達。

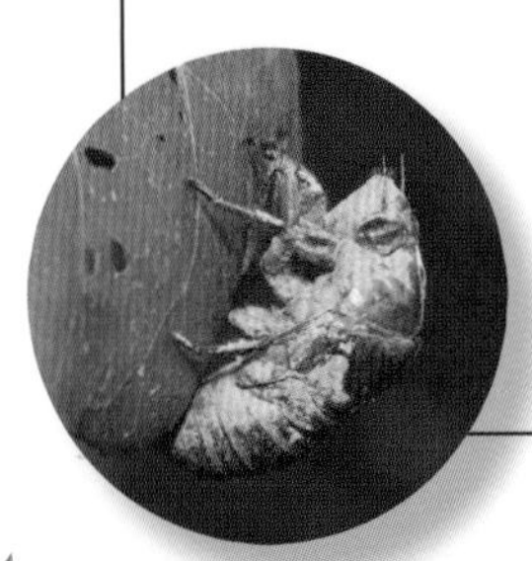

富陽公園

富陽公園坐落於和平東路三段，鄰近捷運木柵線的麟光站，位於臥龍街272巷馬路底。每日清晨，公園入口處已有一群早起的朋友享受晨運。雖然位於市區，竟然有很多計程車運將不知道這裡面有這麼一座森林公園。

公園入口的招牌以樹蛙為圖騰，也難怪吸引喜愛生態攝影的朋友前來創作，還有一團一團的小朋友過來做戶外教學。

因為昆蟲的種類豐富，每年三月以後有五色鳥、紅嘴黑鵯、黑嘴藍鵲多種鳥類前來築巢繁殖，對於城市居民而言，追求生態近在咫尺天涯。

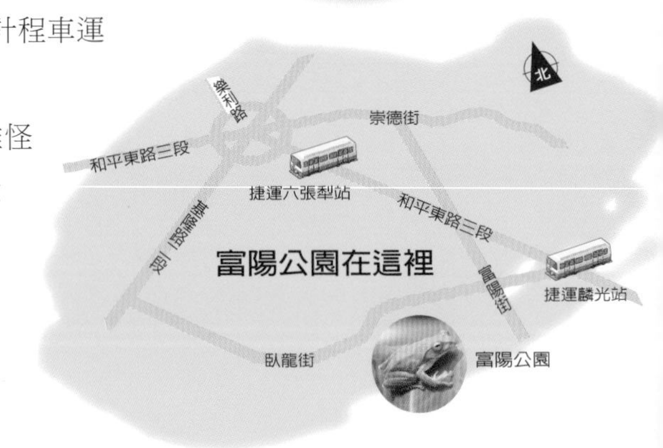

富陽公園交通資訊

●捷運

捷運木柵線麟光站2號出口→臥龍街272巷口右轉→富陽自然生態公園。

●公車

3、15、18、36、72、285、292、293、294 黎忠市場站下車→步行→捷運麟光站→臥龍街272巷口右轉富陽自然生態公園。

●開車

停車不便，建議多搭乘公共運輸工具。

坪林金瓜寮

對於台北人來說，近郊的坪林金瓜寮，從春天到夏天有長達半年的時間追逐蝴蝶，這裡的蝴蝶在茶園裡有時多到人泡在「蝶海」中。

因為坪林的蝴蝶不怕人，於是可以慢慢地取景構圖，根據自己的一點經驗，剛開始發現任何生態蹤影，先不要興奮地急著拿起相機拍攝，建議有心投入生態攝影的朋友，先蹲下身體放低自己的姿態，與昆蟲保持平行高度，可以取得信任，蝴蝶（大部分的昆蟲）通常會消除戒心，甚至會飛到你的手上和你握手作朋友。

坪林金瓜寮位置圖

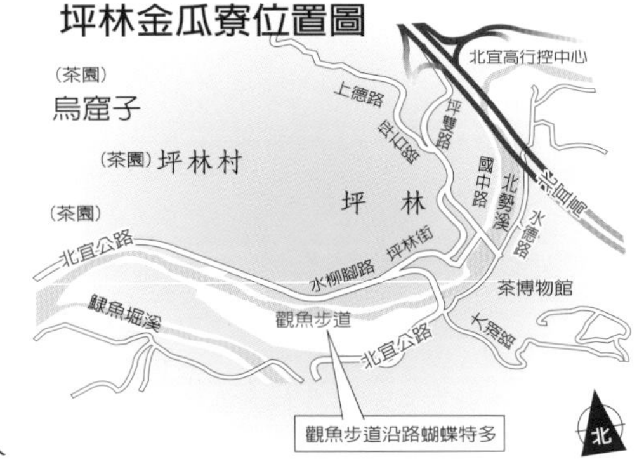

金瓜寮交通資訊

●開車

北宜高下坪林交流道右轉至坪林市區，至台9號38公里右轉北宜公路往新店方向，至黃櫸皮寮站台9號35.5公里，路口處有指示左往轉進入金瓜寮自行車道。

●公車

捷運新店站轉搭新店客運至坪林，黃櫸皮寮站下車，依路標進入。

金瓜寮觀魚自行車道

新店四崁水

居住新店的朋友，很多人並不知道新店有一個「四崁水」，人到了新烏路二段再問當地加油站、便利超商，還是很多人不知道在那哪裡，因此，台電桂山發電廠，可能才是一個明顯的地標。

就因為是太多人不知道的地方，才能保有好山好水好生態，事實上，四崁水並不是一個公園或景點，它只是進入烏來洗溫泉必經之路，一如去宜蘭會經過坪林一樣的道理。

狹窄的道路，來往車輛並不多，也因如此，兩旁的花草盡是豐富的生態。

新店四崁水位置圖

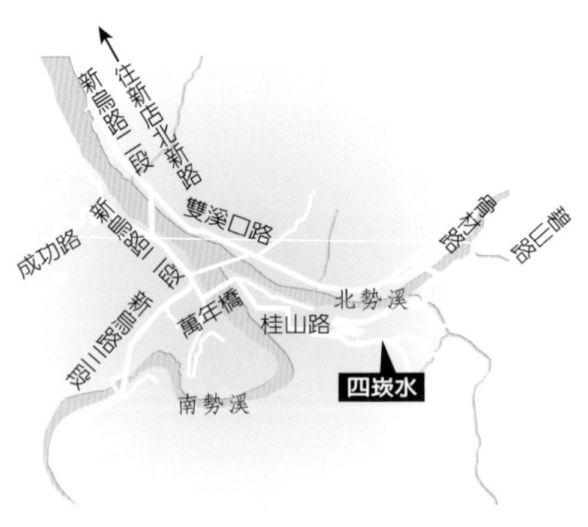

新店四崁水交通資訊

●捷運

新店站下車轉搭新店客運至翡翠水庫站下車，於台電桂山發電廠旁左轉進入桂山路，看到萬年橋即可抵達。

●公車

新店客運至翡翠水庫站下車，於台電桂山發電廠旁左轉進入桂山路，看到萬年橋即可抵達。

●開車

羅斯福路往新店方向接北新路，右轉新烏路進入桂山路，看到萬年橋即可抵達。

虎山自然步道

虎山屬於丘陵地形，位於台北市東南側，是四獸山「虎、豹、獅、象」的一部分。虎山自然步道主要是山谷及山澗型的生態環境。

純粹以健康休閒的角度比較，天母古道是一階又一階的石階，而虎山自然步道則是舒適平緩的林間步道，適合喜歡優閒漫步林間的朋友。能在鬧中取靜，細細品味生態的綠色空間。

下次當您經過信義商圈的時候，何妨多走幾步路，前往虎山從高處擁抱台北一〇一。

虎山自然步道位置圖

虎山自然步道交通資訊

●捷運

市政府站下車轉乘公車。

●公車

1.福德國小站：257、286、263

2.奉天宮站：46、54、69、207、263

3.松山商職站：33、258、259、504、277、299

●開車

步道入口位於福德街251巷底，遇松山慈惠堂大型牌樓直走進入即可到達。入口處雖然有停車場，但巷弄狹窄假日不方便停車，請多加利用大眾運輸工具。

校園

校園裡的每一塊綠地在全體師生細心的呵護下，樹葉裡發現有一隻大星椿象。

聽小孩子說自己的學校美得像一座公園，很難得聽到學生這樣讚美自己的學校。我也親眼目睹松鼠和人類有互動良好（因為餵食的關係），校園裡有綠繡眼、樹鵲、紅嘴黑鵯等鳥類，我對鳥沒有太大的興趣，只覺得在台北市南京東路一帶的學校有這樣的生態環境感到高興。

又有一天聽到國中生說在校園比賽踩死毛毛蟲……這是什麼教育？踩死之前請先通知我。

現在我可以聯想到校園裡鳥多的原因了，因為有一個完整的食物鏈，在畢業典禮的這一天，終於可以帶著相機試試看。

校園裡的花圃或安全島經常，有食蚜蠅的拜訪。

■附錄二

認識蟲蟲家族

文/黃茂智老師提供　轉載石門國小昆蟲網

蜻蛉目：蜻蜓、豆娘

蜻蜓是大家都熟悉的昆蟲，也知道牠是有益的昆蟲，幫忙吃掉許多蚊子、蒼蠅等衛生害蟲，牠的親戚豆娘體形較嬌小，飛行姿態優雅，和蜻蜓一樣是主宰空中領域的霸王，為何稱牠們是空中霸王呢？蜻蜓和豆娘都是純肉食性，堅強有力的大顎、小顎：搭配伸展靈活的雙翅使牠捕捉獵物時無往不利，牠的獵物除了蝶蛾蚊蠅外，天性兇殘的蜻蜓也常捕食豆娘或同種蜻蜓，在求偶或爭地盤時更經常大打出手，往往落得兩敗俱傷呢。

許多人常分辨不出蜻蜓與豆娘的差別，我們從眼睛構造及停棲姿態很容易便分得出來：蜻蜓的兩個複眼併在一起，而豆娘的眼睛分開兩邊成啞鈴狀：蜻蜓停棲時雙翅平展，豆娘則四片豎立合起；蜻蜓飛翔時四片翅膀各自拍動，豆娘則左右同時拍動，但要將蜻蛉目近一百五十種都分辨清楚就不是那麼容易了，因為有些種類雌雄體色差異甚大，需多方觀察比較才不容易出錯。

觀察蜻蜓的產卵方式是很有趣的，其中最常見的就是所謂的蜻蜓點水：蜻蜓將腹部末端貼近水面，直接產卵於池水中，任由卵沉入水中；第二種是將腹部插入水中，產卵於水草莖桿中；第三種是雌雄蜻蜓潛水進入水下，將卵產於水草莖桿中；第四種是蜻蜓一面飛翔交配，一面將卵空投至水中，最後一種是蜻蜓將卵產於水面上的樹幹或樹枝上，待卵孵化後稚蟲掉入水中展開幼蟲階段。

會發展出這麼多的產卵方式，無非是因各個品種為了讓卵於不同水域環境均有更佳存活機會而演化出來的，不論哪一種產卵方式，稚蟲均需生活於水中。蜻蜓及豆娘的生態為不完全變態，兩者的稚蟲均稱為水蠆（蠆是蠍子的意思），在水中以下捕食小魚或蝌蚪，也會有自相殘殺的行為。

在台灣可觀察到的蜻蛉目超過一百五十種，其中有

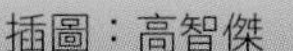

插圖：高智傑

無霸鉤蜓已列入保育種。蜻蜓及豆娘面臨最大的生存難題在於缺乏足夠的產卵環境，由於開墾、建設等需求，台灣的水塘、溼地日漸減少，如果想再重現蜻蜓漫天飛舞的景象，請少用農藥並多留一些池塘給牠們吧。

直翅目：螽蟴、蝗蟲

螽蟴及蝗蟲是野外很容易觀察到的昆蟲，蝗蟲就是俗稱的蚱蜢，在中國歷史上曾因氣候暖和而出現數十起蝗蟲大發生。數以億計的蝗蟲過境後呈現的是農作物雜草無一倖免的殘破景象，而後造成的饑荒更是連延數年。近幾年澎湖縣也發生過蝗災，當地民眾的對策是全家出動捕蟲，將蚱蜢當成下酒佳餚。世界各國將蝗蟲當成食物已有很久的歷史了，早年食物匱乏還只是抓來補充蛋白質，近代發展出各式煎煮炒炸的吃法以滿足口腹之慾，日本更有耗工費時以進口蝗蟲製作的稻蝗甘露煮，價錢昂貴還供不應求呢。

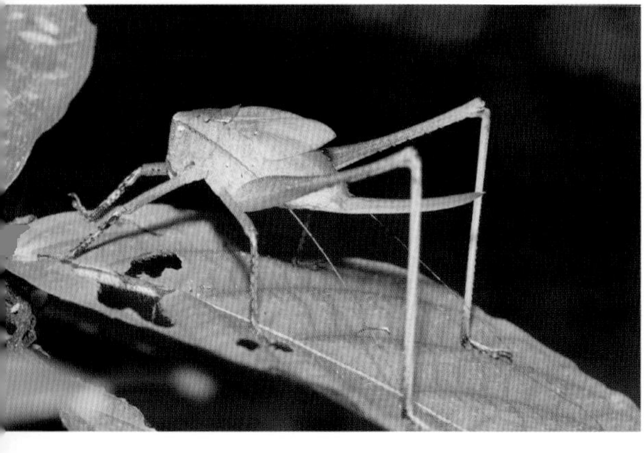

有些種類的螽蟴及蝗蟲在外觀上頗為相似，兩者最明顯的差別在於觸角：螽蟴的觸角呈絲狀，通常比身體還長，而蝗蟲的觸角是由許多節組成的。蝗蟲和螽蟴幼齡都是草食性，但偶爾也會自相殘殺，特別是天候乾旱或被捕捉時發生緊迫失常的現象。台灣的蝗蟲多達三百種，多是以農作物、草本為食；有多種稜蝗則棲息於水邊，以苔蘚、藻類為食。

中國古人視為螽蟴為多子的象徵，中國甲骨文中的秋字，即是依照螽蟴的形象制定的，螽蟴的二三齡為草食性，經多次蛻皮後則成肉食性成蟲。

螳螂目

「螳螂捕蟬，黃雀在後」是大家耳熟能詳的成語，這句話也點出螳螂在自然界所扮演的角色：一方面會捕食昆蟲，一方面也成為其他動物的食物。在自然界中，肉食性的螳螂會以守株待兔的方式在樹梢或花叢中捕食任何飛近牠的昆蟲，再以特化成捕捉足的前腳將獵物攫住，慢慢享用大餐。

耐心等待獵物靠近時，螳螂會將鐮刀狀的捕捉足收攏貼近腹部上方，看起來像在祈禱，因此歐美稱螳螂為祈禱蟲，其實牠可是一種殘暴的昆蟲呢。螳螂最有名的殘

暴行為要算是交配了，在交配過程中雌螳螂會出其不意地將雄螳螂的頭部咬下，再慢慢將雄螳螂整隻吃光，由生物學家的觀點來看，雄螳螂提供自己做為雌蟲產卵的營養來源，因此這個犧牲是值得的。也有人觀察到雄螳螂若逃得掉，牠還是會奮力逃開，並非一定會成為雌螳螂腹中點心。

螳螂的卵囊稱為螵蛸，呈橢圓形狀，常可見牢牢黏附在樹幹或牆壁上，剛孵化出來的小螳螂身長不到一公分，不論顏色或形狀都很像淡黃色的小蝦米，是自然觀察的好題材。台灣的螳螂約有17種，由於肉食性的習性，使它成為生物防治的好幫手。

台灣的螳螂身體均為具偽裝效果的草綠色或褐黑色，近年有人引進知名的枯葉螳螂及蘭花螳螂，在對其食性尚未完全了解前，需慎防逃逸野外。

螳螂的天敵除了各種鳥類及爬蟲類外，名為鐵線蟲的寄生蟲亦和螳螂有糾纏不清的複雜且奇特的生態關係。鐵線蟲是線蟲的一種，牠的幼蟲寄生於孑孓、水蠆體中，而後會因食物鏈的關係進入螳螂體內，以螳螂為中間寄主直到生長至成蟲階段，這時鐵線蟲已長成20~30公分，是牠必須回到水中產卵的時刻了。每年七月盛夏開始，很容易看到螳螂淹死在池塘中，原來這正是鐵線蟲的傑作。此時已成熟的鐵線蟲會驅使螳螂前往水邊，並毫不猶豫地跳入水中，這時鐵線蟲會立刻由螳螂腹部鑽出，開始牠禁食等待產卵的最後任務，而螳螂的生命即告終結，等不到繁殖後代。

很普遍的情況是螳螂在烈日下發狂地找尋水源，在未能找到的情況下螳螂力竭而死，而鐵線蟲亦乾死在馬路上，幸好鐵線蟲每次產卵量達數十萬個，牠進入螳螂體內的機率仍是很高的，在自然界有如此巧妙關係的生物是很罕見的。

半翅目《椿象》

椿象是校園中常見的昆蟲，由於多半會放出臭氣且顏色不像甲蟲那麼醒目，因此不是受人喜愛的昆蟲。台灣的椿象多達四百種以上，不論都市或野外的草木都廣泛可見，你想忽略牠都很難呢。例如，台灣欒樹是台北市內栽培普遍的行道樹，春夏季時有數以萬計的紅姬緣椿象布滿樹幹及人行道，雖然對人體健康不會有直接傷害，但已造成人們心理上的恐懼；此外，竹林內常見的竹緣椿象，也會群聚吸食嫩筍汁液，但對竹子並無多大傷害。因此椿象雖然被視為害蟲，但卻罕見有直接造成人類損傷的種類。

若以生態平衡的觀點來看，肉食性的椿象會吸食毛毛蟲的體液造成死亡，對控制植物害蟲數量有些許貢獻，椿象也會吸樹或草花的花蜜，在吸蜜的過程中也完成某些授粉的任務，因此小朋友看到椿象時不要傷害牠，讓牠盡自然中一份子的力量。

有趣的是，有五、六種椿象是生活在水中的，早年稻田池塘密布全國，很容易觀察到水黽、負子蟲或紅娘華等水生椿象。水黽又叫水豆油，將牠捏死會有一股難聞

的醬油味，牠以第二、三對腳在水面上滑行，若有死亡的生物掉落水上，則聚集過來吸食腐肉體液，因此在自然界水黽扮演著清道夫的角色。

負子蟲的雌蟲會將卵產在雄蟲背上，雄蟲便背著卵四處游走覓食，偶爾會爬出水面讓卵塊乾燥一下；另一種水中霸王紅娘華會以捕捉腳捕食獵物，平時則以頭下腹上的姿勢將呼吸管伸出水面呼吸，這些水生椿象均為肉食性，以孑孓、小魚、蝌蚪等水中生物為食，牠們會先注入消化液腐蝕組織成漿狀後，再以刺吸式口器吸食，食物缺乏時當然也免不了自相殘殺。

椿象是少數有護幼行為的昆蟲，椿象多半將卵產在葉片上，數十個卵聚集一起，雌椿象會來回巡視以避免被寄生蜂產卵，當卵孵化後，雌椿象會以身體覆蓋在小椿象上，約一兩週後才離開。

鞘翅目：鍬形蟲、瓢蟲

鞘翅目的昆蟲中，鍬形蟲要算是最受歡迎了，「鍬」是身體末端近似圓鍬的形狀，故名鍬形蟲。日本武士頭盔上的V形符號則是鍬形蟲的大顎，他們認為武士就該像鍬形蟲那麼會打架，才是真正的武士。

鍬形蟲會將卵產於枯木中，孵化的幼蟲就以木質纖維為食，因此在自然界中，鍬形蟲的幼蟲扮演中層消費者的角色，待木質纖維被消化成粉屑後，尚有馬陸、鼠婦等底層的消費再將它消化成更細的粉塵，而後由細菌、真菌等分解者讓這些木屑回歸於土壤中。

台灣的鍬形蟲約有五十四種，其中有許多種因人類大量捕捉，數量已愈來愈少了，目前研究鍬形蟲生態最透徹的日本已研發出許多鍬形蟲幼蟲棲息的木屑及成蟲食物的果凍。

鞘翅目的昆蟲中，瓢蟲兩片前翅彎曲的弧度最大，由於形狀像早年舀水的水瓢，因此這類昆蟲被稱為瓢蟲；歐美則因牠小巧的樣子，稱它為淑女蟲。英國鄉間的有趣傳說：若將瓢蟲放在未婚少女的指尖上，瓢蟲飛走的方向便是她日後丈夫住的地方。

瓢蟲依食性有草食性及肉食性兩種，草食性瓢蟲以植物葉片為食，特別是茄子、蕃茄等茄科植物，因此被視為農作害蟲；肉食性瓢蟲則以粉蝨、蚜蟲等害蟲為食，因此被視為農作益蟲。農政單位並大量繁殖瓢蟲施放田間，利用這種「一物剋一物」的生物防治法，以減少農藥的使用量。

雙翅目：蚊、蠅

蚊子和蒼蠅是環境的大害蟲，蚊子叮吸人畜血液，有些種類並傳染虐疾、登革熱等傳染病；蒼蠅則污染食物造成直接損失，因此兩者均被列為衛生害蟲。

蚊子和蒼蠅雖然是昆蟲，構造卻不像一般昆蟲有兩對翅膀，蚊蠅的後翅特化成棒槌狀的平衡桿，這對牠飛翔的平衡及轉向有莫大的幫助。

蚊子屬完全變態型昆蟲，產卵於水中，幼蟲稱為孑孓，以微生物及腐蝕質為食，蛹為可移動的自由蛹；蠅類的生態則複雜得多，蠅的生殖方式分卵生及卵胎生，產卵的場所舉凡動植物體、糞便、人體組織

等無所不包；蠅類幼蟲均需經過蛹的階段而後蛻變為成蟲。蚊子的口器為刺吸式口器，雄蚊以露水、果汁腐液為食，不會叮人，雌蚊要孕育卵塊，因此需叮吸人畜血液做為營養來源。

蚊類中的大蚊形狀與生活習性和蚊子相似，但不會叮吸人畜，對人沒有直接影響。蠅類的口器為舐吮式口器，對含糖食物特別敏銳，除了污染食物外，蠅類中的東方果實蠅產卵於水果上，造成果實腐爛，失去經濟價值，這是一種由國外帶進台灣的農業害蟲，已經造成台灣水果難以估計的損失。

鱗翅目：蝴蝶、蛾

蝴蝶與蛾均為完全變態型昆蟲，只要有花草樹木的地方都很容易發現卵、幼蟲、蛹或成蟲，兩者的幼蟲均通稱為毛毛蟲。一般而言，蝴蝶的幼蟲身體光滑無毛，部分蛺蝶科幼蟲有肉棘或刺毛，但對人體沒有接觸性毒；有些種類的幼蟲以有毒植物為食，因此體內有毒，這類幼蟲通常有紅、黃、黑白等警戒色以警示天敵。蛾的幼蟲大多有刺毛，特別是刺蛾科及毒蛾科的幼蟲，在野外採集時若想帶回飼養應避免直接觸及蟲體。

尺蠖蛾科的幼蟲偽裝成樹枝棲息於樹上，若有白蟻、果蠅等小昆蟲經過則加以捕食。也有一些蝴蝶會到蟻巢裡去取食螞

蟻的幼蟲，例如淡青雀斑小灰蝶、白雀斑小灰蝶。弄蝶中至少有100多種幼蟲完全肉食，吃蚜蟲、介蟲、角蟬等。

在自然界中蝴蝶與蛾藉由吸蜜的過程幫植物授粉，少數夜間開花的花木則有特定的蛾類授粉，就生物學家的觀點來看，這是昆蟲與植物間長期演化出的關係。

蝴蝶與蛾的口器均為曲管式，平時彎曲成圈狀，牠們的食物均為液體狀，除了各種開花植物的花蜜外，如水果汁液、動物糞尿、體液均為補充礦物質及鹽類的來源。

台灣的蝴蝶約有四百種，由於蝴蝶有美麗的色彩較受人歡迎，台灣早年曾靠蝴蝶加工藝品外銷賺取大量外匯，反而現在需到動物園蝴蝶園才看得到蝴蝶滿天飛舞的景象。台灣的蛾類則在四千種以上，相信至少還有一千多種未被發現命名，在蛾類領域尚有很大的研究空間。

什麼是昆蟲？

最簡單辨認昆蟲的方法，你可以先從牠們的外觀上，依照下面的幾個特徵來探索：

1.身體外有個像殼的構造，所以通常比較硬。

2.外觀上可清楚地辨認出一節節的樣貌。

3.明顯地可以區分出頭、胸和腹三個部份。

4.頭部通常有一對觸角、一對眼睛（複眼）和一個口器；

5.胸部上方通常有兩對翅膀，而下方通常有三對腳（足）。

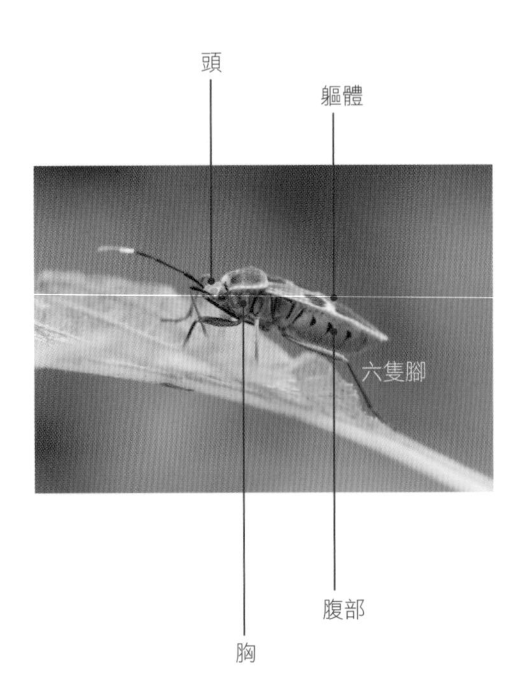

如果所有的條件都符合上面的特徵時，我們可以很勇敢地說：「牠是一隻『昆蟲』！」。但是，這並不表示所有昆蟲都具備了這些特徵，還是有許多昆蟲少了其中某些特徵的。例如有些昆蟲只有一對翅膀或甚至根本沒有翅膀、有些昆蟲眼睛退化、有些昆蟲看起來少了一對腳或是完全沒有腳、有些昆蟲的身體軟軟的……。這些變化就是需要我們花功夫去學習的啦。

昆蟲的定義

1.具有頭、胸、腹等三部分軀體及三對腳、兩對翅膀，但有些昆蟲翅膀特化成不同型式。

2.骨骼著生於體軀外方，不像哺乳類生於體內，屬外骨骼。

3.一生的形態並非一成不變，會作定期的變態。

昆蟲和節肢動物的區別

1.有些動物酷似昆蟲，但牠們實非昆蟲，這些動物概屬於節肢動物類。節肢動物是動物界中最大的一門，而昆蟲是這門動物中最大的一綱。

2.最常被誤認的是「蜘蛛」，牠們不同之處是：

●蜘蛛的體軀只分為「頭胸」及「腹部」

兩部分，而昆蟲則有頭、胸、腹三部分。

- 幾乎所有的蜘蛛都有八隻腳，但昆蟲只有六隻腳。

3.另外像「蜈蚣」、「馬陸」由於腳數太多，應該可以明顯判斷出來，可是卻有另一動物：「鼠婦」，是最常被誤認是昆蟲，牠應屬於「甲殼類」，但由於牠不像其他甲殼類動物生活在水中，體型又很像，故常遭到誤認。

昆蟲的構造

昆蟲的身體看起來就好像一節一節接起來的，這也是為什麼稱牠們是節肢動物的原因。現在讓我們比較仔細地觀察一下昆蟲的構造。首先，牠們的身體可以分為頭部、胸部和腹部三各主要部分。

1.頭部：

- 觸角：觸角一對長在頭的前上方，形狀則隨著昆蟲種類的不同而有很大的變化。觸角就好像人的鼻子一樣，主要是用來聞味道的；除此之外，有些昆蟲的觸角有感覺空氣震動的功能。
- 複眼：複眼一對長在頭的兩側，它是由很多小小的小眼睛所集合而成的。複眼的功能和我們的眼睛一樣，是用來看東西的。它的構造也往往因昆蟲種類的不同而變化。

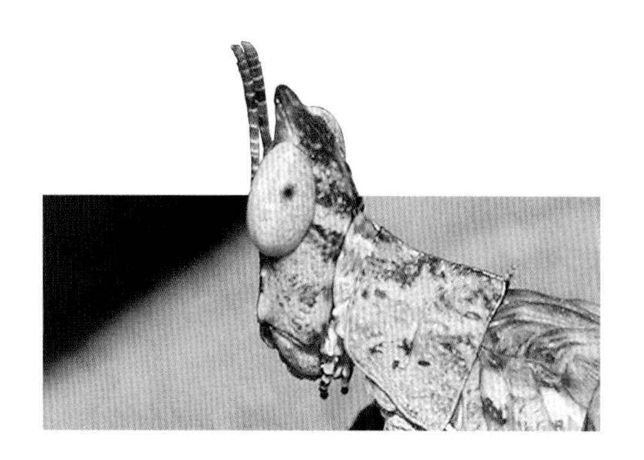

- 單眼：單眼是一個非常不明顯的構造，位在兩個複眼之間。它雖然是眼睛的一種，但是昆蟲並不用它來看東西，而是用它來幫助複眼辨別物體明暗。在有些昆甚至退化不見了。
- 口器：口器是昆蟲的嘴巴，用來吃東西的。最常見的口器有兩種，一種是像蝗蟲的口器，有兩個大顎用以切碎食物；另一類像蚊子的口器是呈針狀的，可以刺入皮膚吸血。除此之外，口器可能因昆蟲種類不同而變化。

2.胸部：

胸部是昆蟲主要運動器官所存在的位置。從外官上可以區分為三節，也就是前胸、中胸和後胸。在每一胸節下方的兩側長著一對腳，因此三個胸節共長著三對（六隻）腳。另外，在中胸和後胸的上方，通常各長有一對翅，所以昆蟲一般有兩對（四個）翅膀。

- 翅：翅是昆蟲用來飛翔的構造；但是，和其他構造一樣，翅也是因昆蟲種類的不同，而有明顯的變化。

●足：足是昆蟲用來爬行的；不過，有些昆蟲的足卻有不同的功能，例如，挖掘、把握或捕捉等。

3.腹部：

比起前面兩部分，昆蟲腹部的構造比較簡單，沒有太多的附屬構造。比較明顯的構造應該是位在末端的生殖器了——雄蟲的交尾器或雌蟲的產卵器。

昆蟲的成長

在昆蟲的成長過程中有兩個現象是比較特殊的，下面分別介紹一下：

1.蛻皮：

我們人類的骨骼是被包裹在皮膚和肌肉裡面，但是，昆蟲正好相反，這層位在外面的「表皮」就是牠們的骨骼，肌肉則被包裹在裡面，所以我們稱這些昆蟲為「外骨骼」動物。因為昆蟲的外骨骼不能不停地長大，所以當牠們長到一定大小時，就必須脫去原來的舊表皮，並形成新的表皮，這種現象我們稱它為「蛻皮」。

2.變態：

昆蟲的成長過程中會經過幾個不同時期，也就是卵期、幼蟲期、蛹期和成蟲期等。在這不同時期，牠們的外觀上往往會有很大的不同，譬如常說的「毛毛蟲變蝴蝶」就是我們所熟知的昆蟲變態之一。但是，許多昆蟲的成長過程中，並不一定會出現這四個不同時期。一般而言，昆蟲的變態可再區分為下列三種不同的情形：

●無變態：

有些比較低等的昆蟲，從卵中孵化後一直長到成蟲，除了體形變大之外，牠們的外表並沒有太大的變化，因此我們稱這種變態為「無變態」。衣魚就是其中比較常見的代表蟲。

●不完全變態：

「不完全變態」昆蟲所指的是在牠們成長過程中少了蛹期，也就是說牠們會直接由幼蟲期（稱為「若蟲」）羽化成成蟲，而沒有化蛹的過程。許多常見昆蟲如蚱蜢、蟋蟀、蟬等等，均屬於這類變態。

●完全變態：

所謂的「完全變態」昆蟲是指在這類昆蟲的成長過程中會經過四個不同的時期，不像前面那種少了化蛹的過程。如果你曾養過家蠶，一定知道家蠶是先由卵裡孵化出來成為一隻隻很小的幼蟲，而幼蟲不斷地吃桑葉長大，並脫幾次皮，接著牠們會吐絲結繭，這時候幼蟲就在繭裡面化成蛹，最後，再由蛹羽化成為蠶蛾（成蟲），這整個變化就是所謂的完全變態。

昆蟲的家

昆蟲的適應力強大，為了能在各種不同的環境下生存，會發展出許多機能構造上的變化以適應。所以只要你留意身邊的環境，草地上、水中、朽木堆中和土壤下都可發現昆蟲的家。

1.土壤中的昆蟲：

有許多昆蟲住在土裡面，例如蟋蟀和螻蛄喜歡在土裡挖隧道，土中或落葉堆下可發現一些金龜子與步行蟲的幼蟲。此外，還可以發現螞蟻窩，在土中建立出牠們的族群。螻蛄的前足特化為挖掘足，長得和耙子很像，非常適於撥土；獨角仙、金龜子幼蟲的背部具有剛毛，可以幫助其爬行。

2.草地上的昆蟲：

草原是許多昆蟲活動的好地方。你可以

在這裡找到蝗蟲、螽蟴、蟋蟀。這些昆蟲的後足都特別發達，善於跳躍，可以幫助牠們在碰到敵人時迅速閃躲。在草原中也不時可發現一些螳螂躲在裡面尋找獵物。螳螂為了捕捉獵物，前足特化為像鐮刀的捕捉足，每節上有可以互相嵌合的小鋸齒，讓獵物逃脫不易。

3.朽木中的昆蟲：

森林底層中常堆有一些腐朽的木頭，在這些木頭堆中可以找到一些鞘翅目昆蟲的幼蟲，如獨角仙、金龜子和天牛等。這些昆蟲以朽木屑為食，身體白白胖胖的，俗稱「雞母蟲」。除此之外，所有木頭製品的頭號大敵——白蟻也會住在其中，牠們可以加速朽木的分解，在整個生態系中，這些朽木堆中的昆蟲扮演著功不可沒的分解者和清除者的角色。

4.水中和水面上的昆蟲：

蜻蜓、豆娘的稚蟲生活在水塘中，叫做「水蠆」。其他昆蟲有水生椿象如紅娘華、負子蟲、松藻蟲，水生甲蟲類如龍蝨、蚜蟲等也都可以在水塘中發現。有些昆蟲生活在流動的溪中，如石蠶蛾、石蛉與蜉蝣。牠們對於水中的含氧量需求較高，可以被拿來當作檢測水質污染的一項指標。

5.其他：

另外，你一定常看到一種長得像蜘蛛的昆蟲「水黽」在水面上划水。水黽是水生椿象的一種，牠們細長的腳上有細毛，內有油脂，所以可在水面上划行而不會沉到水中去。基本上，幾乎所有住在水裡的昆蟲都是肉食性的，牠們會捕捉一些更小的水生昆蟲或小魚作為食物。

昆蟲的食物，昆蟲吃什麼？

昆蟲可取食的食物種類很多，一般可將昆蟲取食食物的種類與方式分為：

1.植食性昆蟲：

昆蟲直接以植物為食，包含植物的葉片、花朵、根或汁液等，如鱗翅目的幼蟲、蝗蟲、蚜蟲、竹節蟲、蟬、天牛、象鼻蟲等。

2.肉食性昆蟲：

昆蟲以捕食其他昆蟲或小動物為食，如螳螂、紅娘華、龍蝨、虎甲蟲、螢火蟲幼蟲等。

3.腐食性昆蟲：

昆蟲以腐敗的食物為食，包含動物的糞便或屍體等，如埋葬蟲、雪隱金龜、蠅類、糞金龜、皮金龜等。

4.雜食性昆蟲：

昆蟲以植物或動物等多種食物為食，如蟋蟀、蟑螂、螞蟻等。

5.吸血性昆蟲：

昆蟲以哺乳動物的血液為食，如蚊子、跳蚤、臭蟲等。

昆蟲的繁殖

昆蟲的一生中最主要有兩件大事：第一是攝食成長，第二是繁衍後代；在生產前，必然要經歷求偶與交配的過程，是野外昆蟲觀察中不可錯過的主題活動。大多數昆蟲似乎都遵循雄追雌的行為模式。

1.昆蟲求偶類型：

所有昆蟲都是利用性費洛蒙來吸引異性，有些可以輔以其他形式如發光的螢火蟲，有些可以輔以聲音如蟋蟀、蟬。

●氣味相投型：

雌蟲散發出一股特定氣味的化學物質—性賀爾蒙，雄蟲透過靈敏的嗅覺能循味找到遠距離外的雌蟲，而與牠交配，如蠶蛾。

●歌聲傳情型：

蟬、螽蟴、蟋蟀的雄蟲都擅長鳴叫，雄蟲除了向其他雄蟲宣示領域外，利用歌聲吸引雌蟲投懷送抱。

●雙飛雙宿型：

雌蝶專心訪花，雄蝶則在一旁飛舞追求

示好，若雌蝶滿意雄蝶的表現，雌蝶便會揚翅與雄蝶在空中近身比翼雙飛，直接飛入樹叢間完成終身大事。

●摩擦生愛型：

鬼豔鍬形蟲的雄蟲發現雌蟲時，牠會先盤據在雌伴的背上，以防別的情敵來搶，接下來牠便靜靜地等待，偶爾用觸角去摩擦雌蟲的身體以示愛意，直到雌蟲吸飽了樹汁，願意委身下嫁時，雄蟲才會開始與牠交配。

2.昆蟲產卵的地點：

●產卵於植物上：

標準的植物性昆蟲，會將蟲卵產在寄生植物的葉片、嫩芽、枝條或樹皮縫隙上。

●產卵於動物上：

寄生性昆蟲循味找到特定的寄主昆蟲或節肢動物，然後把卵產在寄主上，孵化後的幼蟲便可以順利寄生在寄主體內。

●隨處產卵：

很多夜間趨光飛行的雌蛾即是屬於此類昆蟲。

●產卵於寶寶的棲息環境中：

豆娘和蜻蜓會產卵於寶寶棲息環境中。

3.昆蟲護卵的方法：

●設護卵罩：

鱗翅目的蛾或蝴蝶，會把尾部長毛沾黏在卵粒上多一層保護；琉璃波紋小灰蝶會從尾部分泌膠質泡沫將蝶卵完全包覆以作保護；螳螂和蝗蟲也多分泌膠狀物以包覆卵粒，形成卵囊的習慣。

●構築育兒搖籃：

將卵產在事做好的育嬰溫床內，直到成蟲才離開家，如：細腰蜂、泥壺蜂、捲葉象鼻蟲等都是。

●親蟲護卵：

有親蟲保護卵粒的行為的昆蟲，如：負子蟲等皆是。

昆蟲避敵的花招

大部分的昆蟲為初級消費者，為了躲避敵害，使族群得以延續，昆蟲發展出令人嘆為觀止的防禦策略。

1.警戒色：

體色鮮艷搶眼，警告欲對其不利的動物，透露出危險的訊息，如斑蝶幼蟲。

2.保護色：

體色與環境相似，可隱藏在環境的背景中，使敵人不易發覺牠們的存在，如天蛾、鳳蝶的幼蟲、白條斑蔭蝶幼蟲、螳螂、螽蟴。

3.偽裝：

外表偽裝成與環境相似的形態，並配合行為的表現，使敵人誤認其為葉片、竹枝、石塊等，如竹節蟲、枯葉蝶。

4.擬態：

在同一地區中一種生物模仿另一種生物的行為稱為擬態。模仿者藉由模仿被模仿者以減少被取食的機會，如無毒的雌紅紫蛺蝶翅膀圖案擬態成有毒的樺斑蝶。

5.假眼紋：

假眼紋是成蟲或幼蟲身上如眼睛般的花，可以說是矇騙敵人的另一擬態花招—大的假眼紋可以恐嚇天敵，小的假紋則可作為轉移攻擊要害的犧牲點。

6.自衛法：

●直接逃避：

絕大部分的昆蟲在遭受天敵攻擊時當時，都會使出最直接的反射動作：—設法

飛或跳或跑，趕緊逃離危急的現場。

●裝死：

許多昆蟲的天敵不吃死屍，因此，以裝死來脫身可說是一種智慧的反應，在昆蟲世界裡擅長裝死的多不勝數：多數甲蟲即是慣用裝死避敵的能手；少數吃食草本植物葉片的蝴蝶、蛾的幼蟲，也有在危急時候裝死、向下掉落以逃命的本能。

●反擊：

有些昆蟲在逃避時，會衡量自身的能力與對手的傷害程度，而施展出積極、兇猛的攻擊—用毒針、用大顎、用腳，試圖擊退或嚇阻敵害。

●用毒保命：

除了蜂或少數螞蟻會用毒針反擊之外，天生懂得用毒來防身或保護族群命脈的小昆蟲不勝枚舉。某些蛾類的幼蟲，如刺蛾、毒蛾、枯葉蛾和部分的燈蛾，身上都長著或多或少的棘刺或細毛，這些毛刺和體內毒腺相互連接，不小心碰觸了，皮膚會疼痛、起泡；某些昆蟲遭受攻擊時會直接分泌有毒液體，目的也是為了防止天敵吃食，如紅胸隱翅蟲就是一種例子。

●異味：

某些昆蟲身上會散發怪味道，昆蟲的異味大致可分為腥臭和屍臭二種。腥臭味昆蟲包括：俗稱臭腥龜仔的椿象及不少的瓢蟲、金花蟲、步行蟲、擬步行蟲、偽瓢蟲等。屍臭味昆蟲首推昆蟲界的殯葬業者——埋葬蟲為代表。

石門國小昆蟲網

http://host.smes.tyc.edu.tw/~insect/

假面超人工作室

http://www.super-man.idv.tw/

假面超人的網誌

http://blog.udn.com/kao50782

再見了，秋天的最後一道陽光......

這本書寫得極為順利，也極為不順利。

順利的是；每次出門拍照都有收穫，除了蟲蟲願意入鏡充當我的模特兒，天氣也幫忙，行程表訂「封刀」之後屢有佳作出現，「蟲和」、「人和」，以及貓頭鷹出版社對我的支持。

不順利的是；雖然，我自認是一位業餘的攝影師，對於生態只是新生入學的門外漢，不會因為拍了幾隻蟲就大言不漸的高談生態理論，光是比對昆蟲的學名經常是兩眼脫窗的盯著圖鑑，謝謝台大昆蟲所李惠永先生的初校以及未曾謀面「嘎嘎昆蟲網」林老師有問必答更正我許多笑話。已退休的石門國小黃茂智老師提供精采文章，讓這本書的架構成形，不單單只是一本空洞的圖文集。

最後關鍵時刻能夠邀請到師大生命科學系徐堉峰教授，在百忙中為這本書擔任審訂，使得原本原只是定位在旅遊、生態、生活的休閒書，更具有專業性。

還有謝謝那些愛好生態自然一面之緣的朋友們，熱心的指引我蟲蟲藏匿位置，讓我每次出門收穫滿滿，同時也感受到城市裡少有人與人之間的熱情與信任。

再見姑婆芋

曾經有十多年的時間沒有拿相機拍照，起因為民國八十前後幾年走了十幾個國家，八十二年一趟威尼斯之旅拍了一系列嘉年華會，自以為全世界美景盡收錄在我的底片之中，志得意滿之下覺得台灣又有什麼可以拍的？我曾陷入這樣的迷思中。

直到近幾年，每年寒暑假帶著孩子離開台北到台灣各地遊玩，才驚覺原來苗栗這麼可愛，台中這麼美，基隆廟口的夜市這麼好吃，即便久居台北三十多年的我也才開始重新認識台北。

尤其是這幾年，國外製作的節目介紹亞洲人文地理，讓外國人介紹台灣文化，不禁讓自己覺得很慚愧。淡水大家都去過吧！我也去過，為什麼主持人介紹的景點我沒印象？花蓮七星潭我也去過，為什主持人取的角度我沒拍到？我是台灣人嗎？我是攝影人嗎？

直到這幾年來，我重新用「聚焦」的態度看台灣，也開始反省自己，拍微距的角落是為了重新尋找城市裡面更小、更可愛的朋友，我才真正認識自己成長的地方。

原來台北就是一個這麼大的攝影棚，等您一起來創作。

《開門撞見大自然》版權頁

作　　者　王銘滄
企畫選書　陳穎青
責任編輯　陳妍妏
協力編輯　吳阿橘
審　　定　徐堉峰
美術編輯　張曉君
封面設計　張曉君
總 編 輯　謝宜英
社　　長　陳穎青
出　　版　貓頭鷹出版
發 行 人　涂玉雲
發　　行　英屬蓋曼群島商家庭傳媒股份有限公司城邦分公司
104台北市民生東路二段141號2樓
畫撥帳號：19863813；戶名：書虫股份有限公司
城邦讀書花園：www.cite.com.tw
購書服務信箱：service@readingclub.com.tw
購書服務專線：02～25007718～9
（週一至週五上午09:30～12:00；下午13:30～17:00）
24小時傳真專線：02～25001990；25001991
香港發行所　城邦（香港）出版集團／電話：852～25086231／傳真：852～25789337
馬新發行所　城邦（馬新）出版集團／電話：603～90563833／傳真：603～90562833
印 製 廠　五洲彩色製版印刷股份有限公司
初　　版　2010年10月
定　　價　新台幣380元／港幣127元
ISBN：978-986-120-343-0

讀者意見信箱：owl@cph.com.tw
貓頭鷹知識網：www.owls.tw
歡迎上網訂購；大量團購請洽專線(02)2500～1965轉2729

國家圖書館出版品預行編目資料

開門撞見大自然 / 王銘滄著.攝影 -- 初版. --
臺北市 : 貓頭鷹出版 : 家庭傳媒城邦分公司
發行, 2010.10
面 ;　公分
ISBN 978-986-120-343-0（平裝）
1. 昆蟲 2.自然保育 3.通俗作品
387.7133　　99017927